穷人穷口袋，富人富脑袋

曾驿翔 著

图书在版编目（CIP）数据

穷人穷口袋，富人富脑袋 / 曾驿翔著． — 宁波：宁波出版社，2017.3
ISBN 978-7-5526-2755-8

Ⅰ．①穷… Ⅱ．①曾… Ⅲ．①成功心理-通俗读物 Ⅳ．① B848.4-49

中国版本图书馆CIP数据核字（2016）第308188号

穷人穷口袋，富人富脑袋
QIONGREN QIONG KOUDAI，FUREN FU NAODAI

著　　者	曾驿翔
出版发行	宁波出版社
	（宁波市甬江大道1号宁波书城8号楼6楼　邮编：315040）
网　　址	http://www.nbcbs.com
出版策划	沐文文化
责任编辑	俞　琦
特约编辑	王　雪
责任校对	王晓君　黄　薇
装帧设计	仙境书品
印　　刷	北京中印联印务有限公司
开　　本	787mm×1092mm　1/16
印　　张	15.5
字　　数	220千字
版　　次	2017年3月第1版
印　　次	2017年3月第1次印刷
标准书号	ISBN 978-7-5526-2755-8
定　　价	39.80元

版权所有　翻印必究
本书若有印装问题影响阅读，请与印刷厂联系调换，联系电话：010-87331056

PREFACE

"穷人越来越穷，富人越来越富"日渐成为社会关注的话题。探究穷与富，不仅要看社会的根源，更应该深入剖析个人的原因——一个人是穷困还是富有，要看他是"懒惰"还是"勤快"。这里所说的"懒惰"跟"勤快"，不仅仅是指行动力，更是指人的思想、观念，正所谓一念之间就能改变生活。

从古至今，财富的获取一直都让人着迷，甚至疯狂。可是，为什么世界上五分之四的财富掌握在五分之一人手中，而这五分之一的人中却没有你？这是因为：这五分之一的人的脑袋里装着和你不一样的东西，他们有野心和巨大的人脉圈；他们有与众不同的思维和高瞻远瞩的眼光；他们敢闯、敢行动；他们精于变通、运筹帷幄；他们懂得经营自己，更懂得经营别人……想一想，这些因素是不是注定你跟他们存在差距的原因？

其实，获得财富的机会对于每个人来说都是公平的，它绝不会因为你出身卑微、没有权力和地位而忽视你。正如起跑线对于每个人来说是一样的，但能否到达成功的终点，就看起跑之前的准备工作是否做得充足，起跑之后是否用心寻找省时省力的方法，并尽全力向终点冲刺。

如今，越来越多的人迫切想知道发家致富的秘诀，于是他们阅读大量马云、李嘉诚、王健林等人的传记，从中学习或者借鉴他们获取财富的一些经验，认为这是赚钱的捷径。但实际上，通过此方法成功的人少之又少。世界著名理财专家巴菲特说过："现代人面临的问题不是有没有钱，而是会不会赚钱，因此，懂得聚财和不懂聚财的人，二者有着天壤之别，而且差距会越来越大。"

所以说，要想从根本上摆脱现状，就不要只是站在财富的山脚下抬头观望，并且一边观望一边叹息，而是从现在开始，转变思想，行动起来，唯有这样，才能跳出贫穷的深坑。

正是本着这样的宗旨，作者撰写此书，全面梳理、细致分析了穷人与富人二者之间存在的差异，如心态的差异、人性的差异、目光的差异、胆识的差异等，告诉还在迷茫中前进的你：富人到底有着怎样的思维方式和做事方法，他们的原则是什么，又有着怎样的技巧；你该如何做，才能对自己做出准确的评价，并改正自身存在的问题。

翻开本书，你会发现书中所探讨的"穷人"和"富人"，不仅仅是口袋里有没有钱的区别，更是为了追求成功和财富，有没有改变固有的落后观念，与时俱进，全力以赴的心态和决心。因为唯有这样做，才有可能实现完美逆袭和华丽转身。阅读本书，希望能够帮助你迅速、准确地找到自己的致富轨道，能让你调整思维方式，懂得变通，拓展人脉，用经验和知识武装自己，从而实现由穷到富的根本转变。

CONTENTS 目录

前言 I

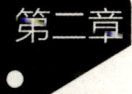

第一章 差异:穷人穷思想,富人富脑袋 001

闷头攒钱不如让钱生钱_002
脑袋富起来,口袋才能鼓起来_006
吃不穷,喝不穷,算计不到就受穷_009
天上掉馅饼,没头没脑的人才会相信_013
运气和脚踏实地,一样都不能少_017

第二章 人性:"狼性"造富人,"羊性"变穷人 021

目标细化,一点一点成功更实际_022
宁肯摔倒爬起来,也不站在原地不动_026
拒绝安逸,挑战自己的极限_029
相信自己,坚持把一件事情做下去_034
命运不是与生俱来的,而是完全掌控在自己手中_038
赢得财富需要胆量和勇气_041

· I ·

第三章　人脉：穷人走亲戚，富人混圈子　047

人脉圈是成功不可或缺的资本_048
千里难寻是朋友，朋友多了路好走_051
投资人脉，关键时刻能帮自己排忧解难_055
常与同好争高下，不与穷人论短长_059
挤进富人圈里当穷人，不在穷人堆里当富人_063
成功不能只靠自己，还要学会借力_067

第四章　想法：转变思想当土豪，不懂变通做穷鬼　071

唤醒大脑，像富人一样思考_072
勤劳致富已经过时，用智慧闯出致富路_075
花钱不重要，花在哪儿才重要_079
只有心态积极的人才能撬动财富_082
破陈出新，想穷都难_086
敢于做第一个吃螃蟹的人_090
低调做人是成功者的训条_094
做人有心机，防人不害人_098

第五章　目光：富人抓大势，穷人盯小利　103

眼界决定境界，思路决定出路_104
目光长远，一定会迎来辉煌的明天_108
瞄准大势，把握时机，才能名利双收_112
一定要懂得规划自己的生活_115
人无远虑，必有近忧_119
求财有道，不能见利忘义_122

第六章 观念：富有富的理由，穷只能是穷的命　　125

钱是赚来的，不是省来的_126
赚钱有讲究，花钱有门道_131
最大的成功就是健康地活着_135
有舍才有得，金钱也是如此_138
没有一个富人是"守财奴"_141
花钱不懂节制，你会穷得彻底_145

第七章 胆识：穷人靠心机，富人玩胆识　　149

胆大不等于无畏地冒险_150
越挫越勇，就算失败也不退缩_154
成功是胆大者的回报_158
要成功地赚大钱，非得有自信不可_161
把人生活成传奇，而不是一句废话_163
克服心理障碍就会顺利度过危机_167
懂得分享，更容易获得成功和财富_171
越是优柔寡断，离成功的殿堂越远_174

第八章 行动：穷人搏运气，富人靠行动　　179

没有谁的成功和财富是空想出来的_180
敢说也要敢做，光说不做梦想就是空想_184
摆脱穷困，过程比结果更重要_187
对待失败的态度决定成功的高度_191
不是运气不好，是你行动太少_195
急功近利是成功的绊脚石_198
时不我待，成功也需要速度_202
行动是胜利者的姿态_205

 **第九章** 逆袭：改变自己，就是改变"穷命" 209

经营长处，成就最好的自己_210
起点低不要紧，努力做笑到最后的人_213
人穷志短，怎能走向人生的巅峰_218
抱怨对改变现状一点儿用都没有_222
规划得好，由穷变富是分分钟的事_226
可以平凡，但不能平庸_231
用激情创造财富，点燃财富梦_234

第一章 差 异

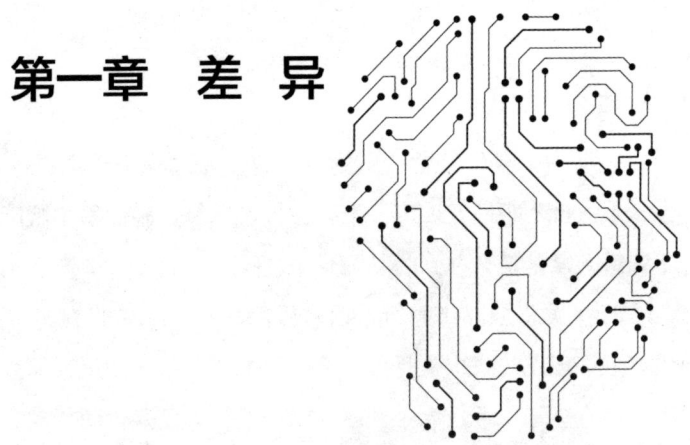

穷人穷思想,富人富脑袋

人穷,不是穷在物质上,而是穷在思想上。思想发生变化,行动就会发生变化;行动发生变化,一定会在结果上体现出来。由此可见,思想、行动、结果是一个完整的链条,会发生连锁反应:思想改变了,行动和结果也会随之产生不同的变化;有了行动并达到预期的结果,人们就会自我激励,产生更新的认识和更积极的想法。因此,要想摆脱穷困的状态,首先要从思想上做出根本的改变!

穷人穷口袋，
富人富脑袋

闷头攒钱不如让钱生钱

生活中，我们经常会听到有人议论："××看上去吃的、穿的都不咋地，怎么也不想法儿改变一下？你再看××，轻而易举就能赚那么多钱，也不知道人家是怎么办到的。"

有些人总是说一些幻想话、后悔话："如果我在经济最景气的时候投资，也许现在的我也是身价不菲的富人。"与之相反，那些身价不菲的成功人士一直坚守一条信念："有了想法不行，还要付诸行动，否则成功就是幻想。"在他们看来，不管你的梦想多么美好，倘若没有行动，成功不过是水中月、镜中花。

大学生甲是某名校中文专业的优秀毕业生，很会写文章，总梦想着自己用不了多久就能写出一部经典小说，大家都十分期待阅读他的小说。但一直以来，他都不屑于写一些"豆腐块"似的小文章，认为那些小文章根本体现不出他的文采。就这样，他沉浸在美好的幻想中，却从来没有动笔写一个字。几年过去了，他不仅浪费了自己的天赋，其他方面也一事无成。

大学生乙既不是中文专业毕业，文笔又一般。可与甲完全不同的是，乙几年如一日地坚持创作，写过无数的短篇文章，并在各大报刊发表。因为长时间坚持写文章，乙的文笔比之前提升了不少，还逐渐从写作实践中摸索出属于自己的创作风格。有一

第一章　差异
穷人穷思想，富人富脑袋

天，他忽然产生了创作一部小说的灵感，并全身心地投入到创作中。他的小说出版后，获得了许多读者的关注与喜爱，从而实现了自己的作家梦。

通过这个故事可以看出，行动取向不同，未来的人生也很可能会大不一样。同样的道理：一个人的贫穷不是因为其资质不好，而是眼高手低，一味做梦，却从不愿意从小事做起；而一个人的富有也不是由资质决定的，关键在于他能把每一件小事做好，将梦想付诸行动。

另一方面，当一个人通过不断努力获得财富之后，还必须懂得怎样留住财富。不懂得留住财富的人，终将一无所有。

有一天，一个穷人与上帝偶遇，穷人哭着哀求道："上帝啊，求你帮帮我吧！"

上帝问："你为何如此贫穷？"

穷人回答："因为我缺少本钱。"

上帝接着问："如果你有了钱，就能成为富人吗？"

穷人坚定地回答："如果我有了钱，我一定会成为富人。"

于是，上帝送给穷人100万英镑。

上帝在离开之前对穷人说："五年后，如果你还是富人，我会再送给你100万英镑。"

穷人开开心心地拿着上帝送给自己的100万英镑准备过富人的生活。首先，他为自己买了一栋豪华的别墅；然后，又买了一辆汽车，并雇了一个司机；紧接着，他又去商场为自己买了很多名牌服装；最后，他雇了佣人与厨师，心安理得地过上了富人的奢侈生活。当然，他没有忘记上帝承诺五年后给自己的另外一笔不菲的钱财。

光阴如流水，五年时间很快就过去了。穷人在这段时间里花光了上帝送给自己的100万英镑，并且，他为了活下去，还卖掉了别墅和汽车,辞退了司机、佣人和厨师。到了约定的时间,穷人一无所有地出现在了上帝面前。

穷人向上帝忏悔道:"无所不能的上帝啊,请你再给我一些钱吧!这次我一定会加倍珍惜,不再过奢侈的生活。"

上帝摇了摇头,无奈地说道:"五年前,我的确说过如果你五年后还是富人,我就再送给你一笔财富,然而,我没想到你依然是个穷人。你知道自己为何成不了富人吗?"

穷人迷茫地看着上帝,轻声说道:"我不明白。"

上帝有些生气地说:"倘若你真的有心改变,那么你一定会用我送给你的100万英镑作为本金,五年后,你无论如何也能额外挣到一笔钱,甚至会还给我100万英镑。可你现在丝毫没有改变,甚至还想再向我索取100万英镑。我原本还觉得你可怜,现在我才发现,你比很多富人要贪婪得多!"

上帝说完后,看也没看穷人一眼,就消失不见了。

大多数情况下,不懂得留住财富是上述故事中穷人的通病,即便他们偶然得到一笔财富,在乎的往往是眼前的享受,想改变的也只是当下的生活状况。这样的人,最多只能享受一时,当财富耗尽,其结局依然是穷困潦倒。

那些心中对财富有着超越一切渴望的人,他们不仅想改变当下的生活状况,更想彻底改变自己的命运和人生轨迹。所以,当别人还在幻想如何改变命运时,他们早就走在改变命运的道路上了。

第一章 差异

穷人穷思想,富人富脑袋

脱贫致富经

有人不禁要问:"为何我如此努力工作,到头来却还是改变不了现状呢?"

下面就让我们看一看究竟是什么因素决定你能否成功吧。

1. 你是否认清了自己

绝大部分人都认为自己贫穷的根源是缺少机遇或本钱,其实不然,无法摆脱穷困的根本原因在于没有认清自己,缺乏一颗渴望拥抱成功的野心。

2. 你是否敢想敢做

一个人心里有欲望,才会更加努力。只要大胆去想、大胆去做,你的潜能就会被你的"非分之想"更好地激发出来。

3. 你是否总习惯懒惰

俗话说,勤能致富。倘若你错过了人生最佳的奋斗时期,也不要灰心丧气,从现在开始,赶紧行动起来吧。

4. 你是否安于现状

"平平淡淡才是真。""赚的钱够用就行,反正赚再多也带不进棺材里。" 如果总是有这样的想法,并安于现状,甚至取得一点点成就便沾沾自喜,丝毫没有改变现状的愿望,更不想辛辛苦苦地去奋斗,那么注定永远无法改变穷困的处境。

穷人穷口袋，
富人富脑袋

脑袋富起来，口袋才能鼓起来

古往今来，很多人以自己的口袋空空为耻，却不在乎自己的脑袋是否是空的；再看那些功成名就的人，他们反倒更加关注自己的脑袋，总以自己的脑袋空空为耻，却不在意自己的口袋暂时是否是空的。那么，他们之间的最大差距到底在哪儿？毫无疑问，是脑袋的距离，思想的距离。

30多年前，富人送给两个身无分文的穷人各100块钱。

第一个穷人用其中的50块钱去小商品市场购买了50双拖鞋，在路边摆地摊，以每双拖鞋3块钱的价格出售，最后获得了150块钱的收益。他从中拿出50块钱作为自己的生活费，剩下全部用来投资。就这样，一段时间后，这个穷人通过自己的努力改变了命运，成为一名富人。

再看第二个穷人，他将得来的100块钱全部用来购买大米和油盐，结果没过多长时间，再次沦落到身无分文、食不果腹的悲惨地步。

说起"穷"这个词，人们的第一反应是缺钱，但是仔细想一想，我们会发现，比缺钱更严重的是缺乏赚钱的头脑。一旦习惯了贫困的生活，只要有机会获得一些钱财，首先关心的是眼前的生活，吃更好的，穿更好的，玩更好的，根本不去考虑只花钱、不赚钱带来的后果，更意识不到再

第一章 差异
穷人穷思想，富人富脑袋

多的钱也有耗尽的一天。

有些人把成功人士当作自己学习的榜样，其实这些人更多的是盯着成功人士看得见的口袋，而不是想办法像他们一样充实自己的商业头脑。一个人要想在口袋里装些什么，就一定要有与之相匹配的脑袋，脑袋"富裕"了，口袋才能鼓起来。

如果要问二者之间最大的不同是什么，只能说：穷人渴望拥有塞满钱财的口袋，而富人渴望拥有赚取钱财的脑袋。

杨澜被大家熟识源于她是扬名中外的著名主持人，但很少有人知道，她拥有一个聪慧的头脑，并为她赢得了不菲的身价，成为一位名副其实的富人。

> 但凡了解杨澜的人都知道，除了资深电视节目主持人这个身份之外，她还有着多种令人羡慕的身份——文化名人、著名电视制作人、传媒企业家、慈善家等。
>
> 杨澜的一系列转型最早开始于1994年，这一年，杨澜获得中国第一届主持人"金话筒奖"。面对荣誉的光环，杨澜并没有满足，她不止步于做一名主持人，做出了一个令所有人大跌眼镜的决定：放弃蒸蒸日上的事业，辞职赴美深造。学成归来后，杨澜受到多家电视台的诚挚邀请，但都被她婉拒，最后杨澜选择加盟刚成立没多久的凤凰卫视中文台。1999年9月，杨澜又毅然辞去凤凰卫视中文台主持人的职位，凭借自己对传媒行业的热爱，用了不到半年的时间就收购了良记集团，从此开始跨入商界，并缔造了自己梦寐以求的"传媒帝国"。

杨澜是幸运的，但这种幸运是她通过自己的努力和丰富自己的头脑换来的。其实，杨澜和大多数普通人一样，她的家庭背景一般，走的也是接受大学教育之后再择业就业的路，但她能够从众多人中脱颖而出，实现自己的梦想，最主要的原因在于：她一次又一次挑战自我，善于思考，抓住时机。

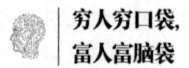

每一个最终获得成功的人都懂得：只有放进脑袋的东西，才会永久地伴随自己，给自己正确的指引。

脱贫致富经

要想摆脱贫穷，努力做到以下三点：

第一，确立一个明确的目标，然后朝着这个目标坚定不移地努力，凭借自己勤勤恳恳的工作冲劲、灵活大胆的思维方式以及合情合理的理财方法，不断积攒财富。

第二，一定要有一颗足够聪慧的脑袋，只有脑袋足够灵活变通，才能激发出源源不断的创造力。我们身边有这么一些人，他们没有傲人的学历，缺乏创业资金，也没有有钱的朋友，可是，他们头脑灵活，遇到任何问题总是善于积极思考，所以，这些人凭借自己的智慧，在努力了一段时间之后，最终获得了成功，跻身富人的行列中。

第三，一定要时刻谨记：要想富口袋，先得富脑袋。摆脱穷苦标签最直接、有效的方法就是，多像成功人士那样不断地给自己充电，用知识武装自己。尤其是新闻媒体等报道的那些在事业上刚刚取得一些成就的人，他们成功的经验和思考问题的方式、方法对我们来说有直接的借鉴意义，某种情况下可以直接拿来学习和效仿。

第一章 差异
穷人穷思想，富人富脑袋

吃不穷，喝不穷，算计不到就受穷

"挣那么多钱干什么？"

"当然是为了花呀！"

挣钱确实是为了花，但是如何"花"，却体现了穷人与富人的极大不同。

小李是一家小企业的员工，由于工龄比较长，所以和身边其他同事比起来，他的收入还算可观。可是工资刚一发到手，他就迫不及待地约朋友一起去泡酒吧或者看电影。只要手里有钱，他也总是禁不住诱惑，买一些对他来说根本没有多大意义的服饰或者其他物品。于是，他不得不为自己一贯的潇洒埋单——距下次发工资还有几天的时候，他早已身无分文，不得不跟别人借钱度日。即便这样，等工资再次到手之后，他完全忘记了没钱的窘境，依旧我行我素。

在现实生活中，像小李这样的"月光族"不在少数。其实，他们每个月的工资不算低，就是因为花钱不算计，所以注定不能积累财富。换句话说，他们不是没有钱，只是他们的花钱方式很低端，"只求今天享乐，不管明天死活"。当然，在生活节奏如此快的今天，人们适当享乐本无可厚非，但毫无计划的消费是绝对错误的。俗话说"吃不穷，喝不穷，算计不到就受穷"，说的就是这个道理。因此，我们需要放远眼光，学会高端地花钱。

　　小赵在大学主修的是新闻专业，毕业后去了一家电视台工作。刚开始的时候，小赵的工资不高，可是他每次拿到钱后，都很有条理地对这些钱进行分配：一部分用于正常的生活花销，另一部分积攒起来作为报班学习的费用。

　　小赵对自己的业务技能和自身的优缺点做了全面、详细地分析，并在考察清楚学习班的课程内容以及师资水准后，有针对性地用自己工作几个月节省下来的钱报了一个夜校中级摄像班。就这样，小赵白天兢兢业业地工作，下了班就去夜校认认真真地学习摄像，生活过得单调且忙碌。因为他足够努力，所以3个月的课程结束之后，小赵顺利地拿到了中级摄像的结业证书，提高了自己相关方面的业务技能。

　　然而，小赵不满足于现状，没过多久，他又报了高级摄像班，继续充实自己。日积月累，他的知识面越来越宽，学识越来越丰富，工作能力也越来越凸显，最终受到了领导的赏识，获得了一次次晋升的机会，工资也有了大幅度的提高。再看当初与他一起来电视台上班的一些同事，始终庸庸碌碌，没有一点儿进步。

　　跟小李相比，小赵赢在了对钱的分配上——领到工资后没有呼朋唤友去胡吃海喝，而是把富余的钱一点点节省下来，并通过学习不断充实自己，最终获得一次次的晋升机会和更多的收入。由此不难看出，小赵的这种花钱方式要比小李高明得多。或许很多人不赞同小赵的生活方式，认为日子不仅苦，还很容易失去朋友。不过不得不承认，把钱花在刀刃上，提升自我，虽然少了一点儿安逸，多了一些奔波，却能获得更

第一章　差异
穷人穷思想，富人富脑袋

多的机会和收入。所谓"知识决定命运"，只要你拥有一颗充满智慧和知识的头脑，就一定会有施展的舞台，从而彻底改变目前的现状，让自己成为一个同时拥有财富和伟大事业的人。

微软公司创始人比尔·盖茨仅仅用了20年左右的时间就打破了财富史上的盈利神话，连续多年位于世界财富榜的榜首。有关媒体曾经报道，比尔·盖茨平均每个星期盈利4亿美金。然而，他的成功历程完全不同于众所皆知的那些富人。在之前将近一个多世纪的时间内，只有石油大王、钢铁大王这样的实体企业创始人才能被评为世界首富，而且他们的财富离不开几代人的努力。反观比尔·盖茨，由他缔造的微软公司不仅没有宏伟的厂房，也没有堆积如山的原材料，他所拥有的是丰富的学识和智慧的大脑，生产的产品也只是一张张浓缩了大量知识信息的软盘。据权威媒体报道，1996年，美国全年新增产值的多半都是像微软公司这样的企业创造的。

比尔·盖茨之所以能够连续数年稳坐世界首富宝座，就是由于他把钱"装进脑袋"，然后用脑袋里的知识创造了更多的财富。这些富豪们事业上的成功、财富上的累积离不开脑袋里的东西。

不论工作还是创业，都要以"人"为本，努力提高自己的知识、能力和素质。只有自己的能力提高了，才能获得更多的财富。

脱贫致富经

真正意义上的富有绝没有胡乱消费的坏习惯,相反,他一定是个懂得把钱装进脑袋,经常充实自己,善于提高自己的人。所以,从此刻开始,学会把钱"装"进头脑:

1. 拿出自己收入中的一部分作为"学习基金"。

2. 明确自身的长处和短处,选择是报学习班学习有利,还是通过买书自学效果更好。

3. 倘若你决定报个学习班,首先要弄清楚自己哪些方面的知识比较欠缺,然后有针对性地选择相关的学习班,为自己"充电"。

4. 计算学习费用,并制订一个切实可行的学习计划。

第一章　差异
穷人穷思想，富人富脑袋

天上掉馅饼，没头没脑的人才会相信

在做一些重大决定前，富人思维的人表现出的是鬼头鬼脑，穷人思维的人表现出的却是没头没脑。无论是热门行业还是冷门行业，富人思维的人往往表现得很淡定，先会对其进行一番分析和评估——因为以他们的经验和见识，他们能够清楚地知道这种情况是否达到了市场饱和，有的时候即便有微薄的利润空间，如果呈下降趋势，他们也不会贸然进行投资。穷人思维的人则与之相反，他们盲目追求投资潮流，看到哪个行业来钱快，就一窝蜂地往哪个行业里挤拼，"扎堆"现象严重，结果可想而知。

近年来，买商铺、炒商铺比较火爆。商铺的面积一般小的十几平方米，大点儿的几十平方米，甚至几百平方米，那些好地段的商铺每平方米的价格在几万到十几万不等，所以没有几百万的资金，投资商铺如同纸上谈兵。一方面是购买资金数额巨大，再加上很多有钱人也纷纷加入到这种投资中去，而市场毕竟有限，因此投资的回报率并不是很高。

马锐作为一名资深的中小投资者，经过多番实地考察，发现位于农贸市场的铺位通常只有10平方米左右，一般十几万就能拿下一个铺位；除了临近街道的商铺，有时再大一点儿的商铺，花十几万照样也能轻松拿下。可见农贸市场铺位投资的门槛非常低。

在大多数投资者的眼中，投资农贸市场的商铺是一种上不了台面的项目，于是他们普遍把眼光放到高大上的写字楼等处，因而造成了农贸市场的商铺投资出现了冷门现象。马锐进行多方面的分析和比较后决定投资农贸市场的商铺，他认为不仅投入成本低，而且收益可观；再加上农贸市场的商铺总价很低，大大降低了投资风险；最主要的是，市政府明文规定"在一定的范围内农贸市场只能有一个"，这样一来，他投资的商铺就具有一定的"垄断性"，可以赢得不少租户。

马锐不顾家人的强烈反对和同事的嘲讽，毅然决然地拿出30万元来投资农贸市场上的商铺，并主动购买了两个产权式铺位，这些铺位给马锐带来一笔不菲的租金。

马锐虽然看到商铺炒得很热，但并没有随大流，一个劲儿地扎进去，而是看准时机，对农贸市场的商铺做了仔细的评估，并抓住时机，取得了投资少、收益高的成功。与马锐相反，下面故事中的小美就显得比较盲目了。

有一天，小美外出购物的时候偶然收到一份传单，上面赫然印着"在家创业"的字样，还注明了一个网络营销行业的网址，声称加入进去之后可以自己在家轻松办公做老板。

这张传单激发了小美赚大钱的欲望，回到家后，她迅速在电脑上输入传单上的网址，按照网页上的提示，她不但进行了实名注册，还留下了自己的电话号码。

刚注册没一会儿，小美就接到一个陌生电话，一名自称创业导师的男子告诉她，因为她成功注册了这个网站，所以已经向她的邮箱里发了一份创业指南，并告诉她登录账号和密码。

挂断电话，小美急不可耐地从邮箱里点开了那封所谓

第一章 差异
穷人穷思想，富人富脑袋

"创业指南"的电子邮件，邮件的内容是一个网站链接，再点开链接，小美按照那名自称创业导师的男子提供的账号与密码开始登录。页面上首先对"在家轻松做老板"的模式进行一番鼓吹，声称能够让人在半年或一年多的时间内达到每月2000元到2万元的收入。最后还提供了一个银行账号，只要小美把90元钱汇到该银行账户中，就能顺利获得培训工具与培训教材。

当看到需要交钱才能获得教材，小美猛然间意识到这很可能是一个骗局，于是她仔细查找联系方式与具体的培训地址，结果什么都没有找到。这让小美更加肯定这就是一个骗局，她赶紧关闭该网页，不再理会。

让小美意想不到的是，随后几天她总是接到那个陌生男子的电话，催她赶紧汇款，收不到钱，他就不断地打电话、发信息和邮件。不堪其扰的小美为自己当初的冲动懊悔不已，无可奈何之下，她决定在网上发帖求助。帖子发出后没多久，一名网友留言讲述了自己的亲身遭遇，最后说："这么一套号称'在家创业'的广告单，首先利用很高的薪酬吸引了我的目光，然后用花言巧语诱惑我不断地购买各种'培训工具''培训教材'，甚至让我继续发展下线。我在短短8个月的时间里投进去一万多块钱，最终还是一无所获，到了这个时候我才明白他们是网络传销。"

小美被虚假广告蒙蔽了双眼，一心只想快速致富，没有对其进行理智地分析，结果一不留神就掉进了网络传销的陷阱。其实，小美的经历并不罕见，尤其是在一线城市打拼的年轻人，面对工作的巨大压力以及高额的生活开销，一旦遇上这种类似"天上掉馅饼"的事情，往往很容易就会上当受骗。

脱贫致富经

要想在一个行业坐稳做大，应该遵循以下原则：

1. 对新资讯有足够的关注。如果你想在某一行业做好做大，就必须对某一领域的最新动态有足够的关注，及时了解相关信息，并做出快速反应，一旦反应迟钝，就很有可能被其他人捷足先登。

怎样获得更多、更新的资讯呢？首先，对该行业有足够充分的认识，比如对投资理财感兴趣，那么就要对投资理财方面的知识有宏观、微观上的全面了解。其次，结识一些同行业有见识的领军人物，在交谈过程中，从他们那儿获取你想知道的信息。另外，也能从一些相关的报道、评论或新闻动态中得到一定的信息。

2. 对问题有自己独到的见解。如果你有很强的创造力，能够比别人思考得更加全面，敏锐地觉察到他人容易忽视的问题，你就比别人更能找到有利的机会。

怎样让自己具有较强的创造力呢？首先，对于需要做决定的决策，要学会独立思考，不依赖他人。其次，积累尽可能多的社会经验，接受更多的社会考验和历练，在复杂的社会中磨砺自己，让自己的思维更加活跃。另外，培养自己的创新性思维，善于从生活或咨询中捕捉对自己有益的信息，并转化为创新性的点子。

运气和脚踏实地，一样都不能少

现实生活中，当谈论起那些身价不菲的人，有些人显得不屑一顾，往往会说"他那么有钱都是因为他生在了一个富人家庭"或者"他的成功是因为他碰上了好时候"这样的话。不难看出，说这种话的人都认为命运或运气是一个人成功与否的决定性因素，于是，面对自己的窘困状态，他们不是遗憾自己不是富二代，就是痛恨自己生不逢时。

殊不知，想要凭借运气改变现状非常不现实，那些不肯脚踏实地做事、一味地把自己的前途和命运押在类似中彩票一样的运气上的做法，更是愚蠢至极。当然，好运气的确能够让人少走弯路，更快地抵达成功的彼岸，可倘若整天把梦想寄托在运气上，那么梦想就成了一种幻想，永远无法实现。

小朱是某工厂的一名普通员工，虽然工资不高，但工作以来他一直省吃俭用，倒也有一些积蓄。当看到身边的朋友做生意赚了不少钱，并在大城市购买房子和车子之后，小朱心里羡慕不已。他琢磨了一段时间，毅然在半个月后辞去了工厂的工作。然而，当时他并不清楚自己应该去做些什么，而且他对别的行业也不甚了解。于是，他将赚钱的门路押在运气上，每天在报纸或杂志上寻找任何有关赚大钱的商机，梦想自己一夜致富。

后来，小朱得知A城市突然出现群众疯狂抢购板蓝根的事，据说每包板蓝根已经被人们抬到三四十元的高价。在没有证实的情况下，小朱立马联系在制药厂上班的亲戚，从亲戚手中以每包10块钱的价格购买了5箱，每箱60包。当板蓝根到手后，他仔细盘算了一下，如果将这些板蓝根拿到A城市以每包40元的价格销售一空，他能赚将近1万块钱。

谁知，第二天吃早饭看电视的时候，新闻里播报了一条关于政府严厉打击哄抬板蓝根价格欺骗消费者的消息。这条消息犹如晴天霹雳，让原本沉浸在喜悦中的小朱一时无法接受，心疼不已。

看了小朱的故事，可能很多人会嘲笑他的这种行为，因为他原本可以通过开店等途径脚踏实地地去赚钱来改变生活现状，可是他偏偏希望自己能够被幸运女神眷顾，做着一夜致富的美梦，结果却自己坑了自己。

纵观古今中外，没有哪一个富人家族是一夜致富的，他们都是凭借自己的双手和聪慧的头脑一点一滴地去积攒财富，而不是依靠运气。

日本有一个"麻绳大王"，名叫岛村，小时候家境非常贫困。只是，他没有像大多数穷人一样屈服于命运的安排，而是一心梦想着有朝一日能够发财致富，并为此不断尝试各种赚钱的方法，最终，他靠贩卖麻绳发了家，如今已是亿万富翁了。

当然，岛村并没有一夜暴富的念想，他选择买卖廉价的麻绳，就是想薄利多销，慢慢积攒财富。

一开始，岛村采取原价买进，又以原价卖出的方式将麻绳卖给客户。如果你认为岛村是个大傻瓜，那你就大错特错了。相反，这恰恰表明了岛村的聪明智慧。原价买进再原价卖出只是他计划的第一步，目的就是尽快打出知名度。正是凭借质量

第一章 差异
穷人穷思想，富人富脑袋

高、价格低的优势，他在很短的时间内就收到了许多订单。

第一步计划顺利实现之后，岛村开始实施自己的第二步计划。首先，他携带自己收购麻绳的合同或收据去拜访自己的客户，并诚恳地对他们说："您只要看到这些，就知道我这段时间并没有赚你们一分钱，我想您也不希望我就这样破产吧？"这样一来，几乎所有的客户都被岛村的诚实与良好的信誉所打动，纷纷主动提高麻绳的采购价格，从原来的5毛钱涨到了5毛5分钱。之后，岛村又拿着许多客户的订单去拜访供货商，同样用诚恳的语气对供货商说："您看，我花费大量精力与时间，至今也没有赚到一分钱，而我贩卖麻绳也等于为您的产品打响了一定的知名度，如果再这样继续下去，我恐怕很快就会破产。"供应商也被他的诚意所打动，于是决定将原本5毛钱一条的原价降低到4毛5分钱。

就这样，岛村每卖出一根麻绳就能赚到一毛钱的利润，渐渐地，他的生意越做越大，没过几年，他就从一个穷小子变成了名利双收的富翁。

正如岛村那样，几乎所有功成名就的人都是靠自己一步一步慢慢地积累，才把不起眼的小钱逐渐汇集成众人仰慕的巨额财产。有一个公司老总曾经说过："做生意，最好从小处着眼，钱要一点一点地去赚，所有企业家都是依靠这个慢慢走向成功的。"他的这句话说得不无道理，因为"薄利多销"远比"一夜暴富"来得实际。

因此，不要看不起做小生意的人，要知道"微利是图"，只有积少成多，才有可能助你成为真正的富人。"不放过每一分钱，也不用错每一分钱，才能积累更多的财富。"说的正是这个道理。

脱贫致富经

即便机会真的来临了,不懂得累积财富的人,恐怕也会错失良机。

21世纪是一个"用钱生钱"的时代,任何时候都不要妄想一夜暴富,学会靠头脑赚钱,并把钱花在该花的地方,你才有可能成为富人。

第二章 人 性

"狼性"造富人,"羊性"变穷人

　　细心的人会发现穷人和富人具有不同的特性：穷人大都慢、绵、柔,富人却快、准、狠。换句话说,"羊性"的人办事拖延、草率行事、畏首畏尾；而"狼性"的人意志力坚定、行动果断。如果穷人对自己的"羊性"不做出任何改变,就很难跨越二者之间存在的鸿沟,成为"狼性"的富人。

目标细化，一点一点成功更实际

在我们的身边，往往有这样一些人，总是踌躇满志地抒发自己的理想抱负，希望自己成为一个成功人士，可一遇到事情的时候，他们就瞻前顾后、不敢行动、害怕失败。这类人就是我们常说的"羊人"，他们表现出来的"羊性"致使他们无法超越自己，获得成功和财富。试想，在创业的漫漫长路上，倘若出现了严重的问题，一个优柔寡断的人怎么可能取得最后的成功呢？

与之相反，我们将大多数的富人看作"狼人"，因为他们往往表现出令人敬畏的狼性。而且富人都遵循同一个规律——他们给自己制定明确的目标，并且坚定不移地努力去实现。

我们总是能遇到那些在学习、生活、工作中感到不如意还总抱怨的人，尽管他们无时无刻不想改变现状、摆脱困境，但总是顾忌太多、缺乏挑战的勇气和信心，又不能静下心来为自己制定明确的目标并付出行动，结果境况自始至终没有一丝改变，仍然过着一边不满足于现状，一边继续维持原状的生活。

有两个闹钟甲和乙，可能是因为它们的出厂时间太早了，样式显得特别陈旧，被主人搁置在房间的柜子上。突然有一天，主人带回来一个崭新、精致的闹钟丙，并把它放在闹钟甲和乙的旁边。

第二章 人性
"狼性"造富人，"羊性"变穷人

闹钟甲看着瘦瘦小小的闹钟丙，用非常担忧的语气说道："你的身体如此娇小，我几乎不敢想象你能否走完长达1600万次的艰辛路程。"

闹钟丙听了闹钟甲的话，震惊地说道："太可怕了，我怎么可能走完1600万次的路程呢？我想，我是肯定办不到的。"

闹钟乙忍不住插嘴道："不要有顾虑，其实走完1600万次的路程并没有你想的那么困难，你只需要每过一秒就'滴答'一声，总有一天你会实现这个目标的。"

闹钟丙听完闹钟乙的话后，慢慢安静了下来，它心里想："闹钟乙说得好像很有道理，我姑且按照它说的试一试好了。"

就这样，闹钟丙按照闹钟乙的方法，每过一秒就轻轻松松地"滴答"一声，结果在持续不断的"滴答"声中，它不知不觉地走完了1600万次。

在这个故事中，闹钟丙起初的反应"羊性"十足，它听了闹钟甲对自己的担心，想得过多，然后就真的觉得自己不可能完成1600万次的路程。不过，当闹钟乙给它分析之后，闹钟丙看到了希望，"狼性"不断上升，将目标细化，过一秒"滴答"一声，最终实现了看似遥不可及的目标。

由此可见，将那些远大的目标拆解成一个个小目标，并立刻行动起来，不给自己留后路，为着既定的小目标而努力拼搏，就能一点一点地朝着成功的彼岸迈进。

在广阔无垠的大草原上，一群羚羊正围着一大片肥美的青草尽情享受，或许是因为它们很久没有吃到这么美味的青草了，以至于没有一只羚羊意识到危险正在向它们靠近。

一头凶猛的猎豹悄悄逼近羚羊群，并埋伏在它们附近的一棵树后，伺机捕食猎物。即便到了这个时候，还是没有一只羚羊发现这头猎豹对它们产生的威胁。猎豹见此情景，心里乐开了花："真是一群傻羚羊！不过我的运气还真是好，饿了这么久，终于可以美美地饱餐一顿了。只是这么多羚羊，我究竟应该先吃哪一只呢？母羚羊的肉比较滑嫩，公羚羊的肉比较紧实，感觉都很不错。唉，真难选择。"

就在猎豹陷入美好的畅想中时，树上的猴子发现了它，赶紧向这群羚羊发出警报。羚羊听到猴子的警告，马上集中起来，尽全力朝猎豹相反的方向飞奔而去。见此情景，猎豹气愤不已，眼看着即将到嘴的美味就这样因为自己的迟疑而瞬间跑走了。

最终，猎豹除了站在树下朝着向羚羊群发出警报的猴子咆哮一番之外，没有任何办法，只能饿着肚子灰溜溜地离开了。

有人说："当上帝给过你一次机会，你却不珍惜，等到失去了，再怎么后悔也来不及了。"案例中的猎豹就是因为一时的犹豫才使即将到手的猎物逃脱了。倘若猎豹在看到羚羊群的时候当机立断，瞄准目标发起攻击，说不定它真的能美餐一顿，不会继续饿肚子了。

在现实生活中，"羊性"的人不懂得抓住好时机，遇事思来想去，最后总是等到机会失去了才追悔莫及；"狼性"的人会及时确定目标并果断行事。由此可以看出，除了要有目标并为之努力外，对于时机的把握也至关重要。

第二章　人性
"狼性"造富人，"羊性"变穷人

脱贫致富经

　　野心是推进社会发展的一个重要因素，人类就是因为有了改变现状的野心才会不断发明创造，我们的生活质量也才能得到提高。野心勃勃的"狼人"就是推动社会不断向前发展的中心力量，穷人如果想要成为富人，就要拥有想要成功的野心，并为之不断奋斗。

　　正所谓"'羊人'瞻前顾后，'狼人'野心勃勃"。如果你想成为富人，就要有远大的目标与野心。如果你制定的奋斗目标唾手可得，那你有可能沦为平庸之辈。胸怀大志、野心勃勃，才有可能有所成就。

宁肯摔倒爬起来,也不站在原地不动

俗话说,人往高处走,水向低处流。可是,这句话并不适用于所有的人。有些人沉溺于眼前的生活,不愿做出任何改变,但又总是幻想有一天自己能功成名就。还有一些人,他们总是对现状感到不满足,一有机会就拼一拼、闯一闯,甚至为了实现自己的梦想远走他乡,赢得属于自己的一片天。在拼搏的过程中,他们全心付出,不怕吃苦,不怕受累,凭着自己的狼性创造财富,最终让自己过上富足的生活。

我们生活在这个世界上,不能总想着过安逸的生活,只有敢于向苦难发出挑战并努力付出的人才会获得最终的成功,站到富人的行列。反观穷人,他们总爱幻想,甚至总是做着天上掉馅饼的美梦,殊不知,想象的事情再美好,不去行动,终究无法实现,到头来不仅蹉跎了大好时光,还一事无成。

小迪上大学的时候,整天为了打游戏或者逛街而逃课,甚至睡懒觉也不愿意去上课,在他看来,大学时光就是用来享受的。当他得知室友或者其他同学利用空闲时间去做兼职时,竟嗤之以鼻地认为他们是没事找事,一点儿都不懂得享受大好时光。就这样,小迪混到了大学毕业,有的同学凭借自己的努力领取了奖学金,有的同学凭借毕业证、学位证找到了心仪的工作,再看小迪,他每门功课都不及格,四年下来竟然拿不到毕业证,找工作

第二章 人性
"狼性"造富人，"羊性"变穷人

的时候更是连连碰壁。直到最后，小迪才彻底醒悟，后悔自己当初不该只顾贪图享受，不但荒废了学业，也虚度了最美好的青春时光。

富人具备狼的性格，他们做事的时候经常抱着强烈的挑战态度。穷人却不同，虽然他们无不渴望着有一天也能够过上富足的生活，但没有勇气改变现状，于是沉溺在平和、安稳的生活环境中止步不前，有时甚至害怕一旦改变后失败了，自己就会失去当前所有的一切，因此束手束脚，没有突破自己的勇气，有时即便机会来了，也不能及时抓住。

杰克和约翰是好朋友。3年前，二人决定各自开办一家服装厂。杰克说干就干，仅仅用了不到半年的时间就将自己的服装品牌推向了市场。

约翰为了少走弯路，先去杰克的服装厂参观了一番，可事后他并没有做出任何行动。

没多久，杰克的服装厂遇到了困难，打不开市场，产品销售不畅，资金不能正常周转，工人的工资无法按时发放等。

约翰知道后内心沾沾自喜，暗自庆幸："幸亏当时我没有马上行动，否则陷入困境的人肯定不止杰克一个人了，我也得跟着倒霉。"

过了一段时间，杰克对自己遇到的问题逐一想出了破解之法，又让自己的服装厂转亏为盈，并且利润可观。

到了这个时候，约翰开始后悔了。他赶紧效仿杰克开办了一家服装厂，但是已经错过了最好的时机。

当杰克赢得许许多多的客户并在服装市场上占到一席之位的时候，约翰的服装厂却岌岌可危，濒临倒闭。

造成这种差距的根本原因在于：杰克和约翰同时看到机

会，然而杰克抢占先机，约翰却因为犹豫不决，与良机擦肩而过。

无数事例表明，"羊性"的人总是犹犹豫豫不敢向前迈出关键性的一步，而"狼性"的人却习惯看见猎物就勇于出击。

脱贫致富经

在日常生活中，绝大多数穷人不管在生活上还是在工作上都是得过且过，认为"平平淡淡才是福"，总是心安理得地过着庸庸碌碌的生活；而富人则敢于向困难发起挑战，并为自己制定的目标不断奋斗，最终赢得成功的人生。

在人堆中，有时候一眼就能认出哪个是穷人，哪个是富人：面对现实生活，那些垂头丧气、有气无力、精神萎靡的人多半是穷人，那些充满朝气、意气风发、斗志昂扬的人多半是富人；在困难面前，那些轻言放弃的人多半是穷人，那些迎难而上的人多半是富人。

综上所述，"羊性"的人最终一事无成，而拥有"狼性"特征的人却能功成名就。

第二章 人性
"狼性"造富人,"羊性"变穷人

拒绝安逸,挑战自己的极限

人们常说"穷人羊性图安逸,富人狼性好挑战",相信很多人能够从中获得一些体会。

有些人往往对自己庸庸碌碌的工作抱怨不断,也总是在受到刺激后发誓要改变,但他们的誓言不过是停留在自己的脑海里,一旦让他们离开习惯的温床,他们就忍不住往后退缩。他们缺乏对庸碌说再见的勇气,更缺乏对命运叫板的魄力。总而言之,他们早已喜欢上安逸的生活,根本不愿意去挑战生活的难题。

杜辉是北京某大学的高材生,刚刚大学毕业时他有非常大的雄心与动力,发誓要在几年内做出一番大事业。然而,等到他工作之后,所有想象的"美食"仿佛都改变了原先的味道。他拥有一个极其平凡的工作,生活也非常安逸自在,日复一日,他最终一点点磨掉了原本的那份激情和动力,也把曾经许下的誓言远远地抛在脑后,任其在时间的汪洋里消逝不见。

他每天看着时钟,脑子里只有简简单单的上班与下班。身上的钱花完了,他就天天盯着日历,期待下次发薪水的时间。得到薪水后,他又想着应该如何安排或改善自己的生活。每逢星期日,他脑海里想的就是游遍北京城。就这样,他的生活重复且单调,没有掀起一点儿涟漪。

杜辉也曾有过改变命运的机会,那是在他工作一年之后,那个时候他存了点闲钱,他的一个朋友辞掉大学老师的工作选择独自创业,希望他能成为自己的合伙人。得知这一消息后,杜辉心潮澎湃,一再向朋友保证会在两星期后辞掉枯燥的工作,去朋友所在的城市发展。然而,他的勇气却在这两星期内慢慢磨灭了。一想到要放弃如今稳定并安逸的工作,他就感到无法割舍;想到倘若自己辛辛苦苦攒下来这些钱赔了,他就发愁,不知道接下来该怎么办;想到自己要亲自去跑市场寻找客户,或者绞尽脑汁地收账款,他就更变得裹足不前了。面对那些自己想象的责任与压力,他感到一阵窒息。最终,他拒绝了朋友的邀请,再次躺到自己的"温床"上,每天周而复始地上班、下班、聊天、打牌,有时偶尔撮一顿,穷极无聊时,他也会嘲笑自己是个傻瓜。

后来,杜辉偶然间得知自己的那位朋友赚到了人生中的第一桶金,而反观自己,仍然是那个可怜兮兮的"小蚂蚁"。

在上面的案例中,尽管杜辉最初怀有雄心壮志,但他的梦想最终却是竹篮打水一场空。因为他的动力与激情都被庸碌无为的生活侵蚀了,他无法割舍自己的工作,对安逸的襁褓无限贪恋,没有与朋友一起吃苦、创业以及接受挑战的勇气和魄力,因此最终的财富也不可能白白送到他的手中。

1995年,刚刚大学毕业的丁磊顺利地被分配到宁波市电信局工作。电信局这样一个"旱涝保收"的单位,有着极为不错的待遇。尽管丁磊开始两年的工作成绩稀疏平常,但左邻右舍与亲朋好友都非常羡慕他。可是,丁磊却不止一次地问自己:"难道自己的一生就这样安逸下去吗?难道自己的才华就只能做这么多,

第二章 人性
"狼性"造富人，"羊性"变穷人

承担这么少吗？"经过深思熟虑后，他最终鼓足勇气向电信局高层递交了辞职信。他的辞职行为遭到全家人的反对，朋友们也对他的这一行为表示无法理解：虽然在电信局上班不能让他成为大富翁，但足以让他的生活过得有滋有味，而这是多少人梦寐以求的啊！然而，丁磊坚决辞职，一心想要到外面闯出一片天地。

二十多年后，他回忆起这段经历时说："这是我第一次开除自己。人的一生总会面临很多机遇，但机遇是有代价的。有没有勇气迈出第一步，往往是人生的分水岭。"

辞职后的丁磊最终选择广州这座城市作为自己的起飞地。刚到广州的他人生地不熟，面对来来往往的车辆与陌生的人们，看到一座座高楼大厦鳞次栉比，他更加意识到财富的重要性。丁磊经过各方面的分析，认为自己的创业时机还不成熟，而当时他身上只带了很少的钱，于是他决定尽快找一份工作，适应一下外界的环境，锤炼自己的心性。当然，那个年代要想在广州找一份合适的工作并不容易，丁磊不知道自己究竟面试了多少家公司，也不知道自己究竟吃了多少苦，最终在1995年5月凭借自己的超强耐心与实力成为外企Sybase广州分公司的一名员工。

刚开始到外企工作的时候非常艰难，但他总是笑呵呵地面对。他每天到市场购买新鲜的蔬菜，亲自做饭，不仅省钱，还能享受厨艺的乐趣。除此以外，他还利用空闲时间学会了古筝弹奏，真可谓是"苦中作乐"。

一年以后，丁磊有了相当不错的收入，日子也过得红火起来。谁知，丁磊的"不安分因子"又开始作祟。他感觉在这样的舞台还是不能发挥出自己的最大能量。于是，他开始萌发辞职与别人一起创立一家互联网公司的念头。

从Sybase辞职是丁磊做出的又一个重要选择，因为他要离开的是一家收入颇丰的外企，而跳槽的却是一家处于创业阶段的小公司。丁磊再次挑战了自己的极限，他坚信自己选择的这家小公司将来会对国内的互联网行业产生非常大的冲击力，必定能够承担起中国互联网发展的一份职责。他满怀热忱，动力十足，当时他几乎承担了公司全部的技术工作。可惜，渐渐地，他发现这家公司与自己当初设想的愿景有所背离，于是，他再一次选择放弃这个熟悉的地方，勇敢地开启人生的又一个征程——独立创业！

　　1997年5月，丁磊下定决心独立创办了网易公司。从此以后，他把网易从最初由十几人组成的小公司发展到如今拥有近300名员工，并在美国上市的著名互联网技术公司。

　　互联网在当时来说还是新兴行业，这就注定丁磊会面临更多的未知挑战。丁磊开创的网易公司不只是遇到了众多挑战，甚至一度面临倒闭的危险。2000年6月，网易股票正式在纳斯达克挂牌，在科技股逐渐崩盘的情况下，网易股价从挂牌第一天开始便节节败退。2001年，由于财务纠纷，网易被迫在纳斯达克摘牌，当时的股价只有可怜的64美分。一时间，世界各地都流传着网易面临被收购的传言。面对挑战，丁磊保持足够的沉着、冷静，他把目光转向在线游戏《西游记》、短信服务、股票点播及一个与MSN Explorer类似的新产品上。他的远见和冷静最终促成了网易的巨大成功。到了2016年，丁磊已经以630亿的身家位列2016胡润全球富豪榜大陆前十名，成为依靠互联网发家的国内富豪。

　　如今大获成功的丁磊，想当年也只不过是一个普普通通的大学生，但他拥有放弃"铁饭碗"的魄力，拥有放弃安逸生活的勇气，拥有敢于去承担责任的毅力，面对挑战从不退缩，所以，他和网易的成功不过是水到渠成的事。

　　穷人之所以越过越穷，无非是贪图安逸。要想积累更多的财富变成富

第二章 人性
"狼性"造富人,"羊性"变穷人

人,就必须对自己够狠,也就是有点儿狼性,拒绝安逸,勇敢去挑战自己的极限!

> **脱贫致富经**
>
> 所谓放弃安逸生活,并不意味着盲目选择,你必须要有足够明确的打算,找到自己努力的方向、感兴趣并有能力从事的行业。
>
> 一旦获得好时机,一定要立即行动。不要只是心心念念自己过去的美好生活并沉溺其中,这样只会让自己失去更多创造辉煌的机会。
>
> 倘若你已经确定做某事会有前途,那就不要犹豫,放心大胆地去做吧。即使你缺少经验,会遇到各种各样的未知挑战,也不要害怕,要知道挑战是促进自己成长的机会,从应对挑战到享受挑战,再到渴望挑战,最终成功就会主动来到你的面前。

穷人穷口袋，
富人富脑袋

相信自己，坚持把一件事情做下去

"羊性"的人懒得动脑，总是随波逐流，没有自我判断力，机械地模仿别人的做法去做，就像一个提线木偶，从不动脑去思考自己应该怎样去处理，这件事怎样做才合理，怎样做才能创造更多的价值。然而"狼性"的人却能坚定自我，只要是他认准的事，就会力排众议，坚定地做下去，而且最终能在一堆废墟中开采出金矿。

一位专门从事服装的商人看中了位于某市郊外的一块地，于是，他毫不犹豫地拿出十万美元将这块地皮买了下来。这块地皮的原主人对他的这一举动很不能理解，甚至在心里嘲笑商人真是个大傻瓜。然而，商人没作任何解释，他始终相信自己的这一决定是正确的。一年之后，市政府宣布要在郊外修建环城公路，该服装商购买的地皮因此升值了上百倍。

该市的一位富人愿意拿出两千多万美元购买商人的这块地皮，打算在此建造一个别墅群。商人预感到这块地皮还有升值空间，于是他坚持不卖。过了几年，商人购买的这块地皮果然又上涨了几百万美元，当他卖出后，他已经成了该市的一位新晋富人。

这位商人没有听信任何人的话，坚定自我，正是因为他已经将眼前的事

第二章 人性
"狼性"造富人，"羊性"变穷人

物多角度、全方位地剖析过，他相信这能为他创造无穷的财富。最后，他成功了。

然而，"羊性"的人却恰恰相反。他们总是希望事情永远以一种方式去发展，甚至企图将时光停留在过去的某个时间段。或者他们过度崇拜一个成功人士，把他奉若神明，将他的话当作真理与规范，从不质疑，并以此约束自己的行为。于是他们成了规范的狂热追随者，从来没有想过去创造一种规范使自己成为"狼性"的人。

对于沃伦·巴菲特而言，2016年8月30日这一天是一个非常重要的日子，因为这一天是巴菲特与妻子艾丝翠结婚10周年纪念日。

10年前，巴菲特在福布斯富豪排行榜上位于第二，他决定与等待自己长达28年的女友艾丝翠于8月30日这一天举办婚礼。当时，大多数人都以为他的婚礼一定会奢华至极。然而，出人意料的是，那是一场极为简单的婚礼，巴菲特的女儿担当婚礼主持人，参加婚礼的宾客也只有关系很近的极少数亲戚朋友。

实际上，巴菲特本人很浪漫，也对潮流趋势有一定的了解，他之所以这样做，只是他不想随大流。"股神"巴菲特不仅在生活上不随波逐流，而且在工作上也有一套自己的理论。

在投资股票的时候，人们常说："不要把所有鸡蛋放在同一个篮子里。"这种投资观念也影响了一大批投资人。大多数想的是降低投资风险，即便哪一只股票出现危机，也不至于亏损太多。可是，巴菲特却与众不同，他经常是"把所有鸡蛋都放进一只篮子里"，之后全身心地去经营。

在股票市场上，绝大多数人都是跟风买进卖出，而很少去思考自己买的股票究竟有多少升值空间，结果总是赚少赔多。也许，绝大多数人都没有算过"买进卖"这笔账，按照巴菲特的最低限度，每一只股票最少都会持股8年的时间，一般买进卖出股票的手续费为1.5%。倘若在这8年当中，每个月换一次股，每次都要支出1.5%的手续费，一年12个月就需要支出12次的手续费，即便不算复利，8年时间的静态股票支出手续费也是非常高的。因此，所有股民在购买股票的时候，最好算一下这笔支出费用。

据说，巴菲特持有的很多股票都至少超过8年的时间。他曾经说道："如果预测短期股票市场，就等于购买一包毒药，最好将之放置在最安全的位置，远离那些在股市中如同幼稚孩童般的投资者。"

巴菲特之所以能够赚取巨额财富，就在于他具有独到的眼光，并能像狼一般坚持自我，而不是像受人操纵的绵羊一般随波逐流。

在现实生活中，绝大多数穷人都喜欢跟风，就如同受人操纵的绵羊一般，别人穿什么服装，自己也要去买，别人购进了哪只股票赚了钱，自己也要去购买。结果不是"别人吃肉你喝汤"，反而有可能血本无归。而富人懂得坚持自我，他们常常是创造潮流的人，而不是跟风的人。

因此，想要成为富人，在面临选择的时候，就不要人云亦云，而要认真分析问题，理智地坚持正确的观点。跟风的人普遍不善于思考，总是会迷失自我，最终错失商机。那么，如果你想成为真正的富人，从此刻开始培养自己独有的风格吧。

第二章 人性
"狼性"造富人,"羊性"变穷人

脱贫致富经

怎样摆脱"羊性"人受人操纵的意识?

1. 检查自己是否在跟随别人。如果是,就应该暂时停下来,检查是否存在盲目性。如果存在,就彻底中止自己的跟风。

2. 在市场调查的基础上,发现能够满足人们潜在需求和更高层次需求的新产品、新服务。在调查竞争对手的基础上,实现产品、服务、营销的创新。不要忽略收集竞争对手的市场资料,可以从他们的广告宣传、网站信息等方面识别对手的关键市场和主要产品信息。

穷人穷口袋，
富人富脑袋

命运不是与生俱来的，而是完全掌控在自己手中

爱"玩命"的"狼性"人都懂得：任何一次成功，都是一场豪赌。不管结果是输还是赢，所有的参与者都应该具有非凡的魄力与能力，在"豪赌"之前深思熟虑的同时，还要有孤注一掷的豪情。不过，"豪赌"的参与者只能面临两种极端后果：赢的人也许能咸鱼翻身，输的人很可能倾家荡产。

在现实中，很多人总是习惯于认命，有时候会把战胜自己挂在嘴边，但是在行动上却总是打折扣，与自己妥协，劝自己认命。他们给自己规定的学习任务经常完不成，觉得完成了又能怎样，也改变不了现在的窘况。最终，他们只能躺在安逸的温床里或者倒在失败的泥潭里，再也站不起来了。

小王是农村出身的大学生，家境贫穷，长相也不出众，他一直都很自卑。在上大学时，他只知道学习，经常不愿在班里或学校的活动中露面。

可是，他也想干一番事，但是转念一想，自己这样的条件，形象又不好，也不会闯出什么天地，于是就这样认命地过了三年的大学生活。大四时大家都去实习了，小王在老师的建议下，决定试着自己创业。他通过了解，找到了市里的一家批发市场，批发了一些小贺卡，打算在圣诞节时向同学们推销。

一切都准备就绪，可是到了圣诞那天他却对着自己进的那一百

第二章 人性
"狼性"造富人，"羊性"变穷人

元的货发起了呆。他想象着自己在校园摆摊的情景，当众被人围观，还有好多熟人，他实在没有勇气跨出这一步，还是算了吧。他认命的想法最终让他错过了圣诞节的机会，那些贺卡一张都没有卖出去。

大学毕业时，同学们都在各处奔波，而他却一直拖着。直到毕业后几个月，他才找到了一份普通的工作。他找工作也只找那种和人接触少、竞争压力小的工作。他心里一直想再创业，可又始终觉得自己会失败。他就这样一直活在自己的空虚和感叹中。

其实，小王也是有创富、有被人肯定的渴望的，但他觉得自身条件不好，认命的心理一直滋长，是他自己把自己打败了，自己和自己的软弱妥协，最终成了一个碌碌无为的人。

在这个世界上，从来不缺通过某次"豪赌"而发家致富的传奇。可是，通过一次"豪赌"就使自己的命运得以翻盘，除了不可或缺的运气之外，还要有"破釜沉舟，背水一战"的魄力。

香港第一富豪李嘉诚曾为我们谱写了"豪赌"的篇章，他的儿子李泽楷继承父亲的意志也多次刷新"豪赌"的传奇。

另外，曾任中信泰富集团前主席荣智健对恒昌企业的收购，德隆集团对美国Murray公司的收购，格林柯尔公司对科龙的收购等的失败都不亚于一场豪赌。

"倘若我手中只剩下唯一的100块钱，而这100块钱只能购买电视机与羊肉串机这两者之间的一个，那么，我一定会选择羊肉串机。固然，购买了电视机能够长久地享受生活，可是，购买了羊肉串机才能帮助我去赚到更多的财富，也能购买更多的电视机。"这段话总结起来就是李长春的"羊肉串"理论。李长春，一个外表憨厚朴实的人，实在不像一个精明的企业家。可就是这

样的一个"老实人"成了建筑工程公司的老总,创造着一个又一个的奇迹。

李长春创业之初,在公司资金极为短缺的情况下,竟然花了一大部分钱引进了不同型号的29台塔吊,这种投资行为可谓是前所未有。但是,李长春预料到自己一定会赢,结果他购买的29台塔吊在后来的工作开展中得以全部运转,这一举措为公司赢得了大量财富,一年下来,总产值竟然超过了一个亿,净赚接近3000万元,使很多人大为震惊。

市场在不断地发展变化,李长春也紧跟市场步伐,又打出漂亮的一拳,连续组建了石膏板线厂、大理石制品厂等8家实体公司,他的产品凭借质优价廉的优势成功地抢占市场,一时间在当地企业脱颖而出,成为当地规模最大、品种最全的企业。

纵观古今中外名利双收的人,他们好像与生俱来拥有一种冒险精神,愿意为了更加美好的未来而进行一次次冒险"豪赌",哪怕遇上困难,他们也能迎难而上,输赢对他们来说已经变得不那么重要,只是享受"玩命"的刺激。

脱贫致富经

正所谓"穷人羊性常认命,富人狼性爱'玩命'",屈服于命运的"羊性"人总是"前怕虎,后怕狼",不管做什么事情都瞻前顾后,想要成功自然很难;可是"狼性"的人天生喜欢"玩命",他们敢于和命运抗争,即便遇上危险也毫无惧色,大胆追求自己的目标,从而积攒更多的财富。因此,要想步入成功的大门,就要变得坚决果断,勇往直前。

第二章 人性
"狼性"造富人，"羊性"变穷人

赢得财富需要胆量和勇气

犹太人曾在《塔木德》上说过这样一句话："当机会来敲门的时候，连门都不敢打开的人注定是平庸之人。"因此，要想成功，就要有一定的勇气和魄力。"狼性"人的成功离不开胆量和勇气，不管处于什么样的境遇，他们都敢于承担风险，下定决心去奋斗。而"羊性"人总是缺乏胆量与信心，在生活中，不敢应对突如其来的困难；在工作上，也没有与人一较高下的魄力。

富人之所以富，是因为在他们的眼里，财富不是那么遥不可及的事情。事实证明，只有那些迅速抓住时机，有胆量冒险的人才能取得事业上的成功。如果一定要用一个词语来形容他们，那就是"坚持冒险"。与"羊性"人相比，他们总是能够坚持自己的思想，不在乎别人如何说，只要认定自己是对的，就坚持自己的信念。

温州富翁王均瑶就是一个以"胆大包天"而闻名业界的人。王均瑶，原是温州苍南县龙港镇的一个青年农民，16岁就开始做推销员。多年的闯荡和磨砺，造就了王均瑶敏捷的思维、冒险的精神和超前的意识。

"胆大包天"，这是王均瑶对自己的第一个评价。当王均瑶24岁的时候，他还在民航温州机构驻长沙办事处担任一名小小的供销员。那个时候，刚刚落成的温州机场尽管已经开始通航，可是并没有温州通往长沙的航班。王均瑶注意到所有去往长沙办事的人员，返回温州时，不仅要坐长途火车，还要换乘汽车，每一次都是极为辛苦的长途跋涉。

在1991年临近春节的时候，王均瑶与温州老乡一起租赁了一辆通往温州的大巴，准备从长沙赶回温州老家。在返乡的路上，每个人都是归心似箭，当时，王均瑶突然说道："乘坐汽车回家乡，实在太慢了！"

邻座老乡听到他的抱怨后，同样感慨万千地说了一句："飞机的速度倒是快，可是没有长沙通往温州的飞机呀！"

这个时候，王均瑶突然萌发出包租一架飞机的大胆想法。

当王均瑶的脑海里闪现出"承包飞机"的念头时，他突然意识到这是一个不容错失的巨大商机，只有赶在别人之前行动起来，才能赢得先机。于是，王均瑶开始了自己的冒险之旅。

只不过，当时国家对航空业进行严格管制，王均瑶想要"承包飞机"的想法一经说出，就被全盘否定，并嘲讽他是异想天开。可是，他并没有轻言放弃，反而数次来往于浙江省民航局与湖南省民航局，并对长沙与温州的客源做出一份足够详细的调查论证，最后甚至写出了一份结构严谨、具有可靠数据的报告呈交给这两大民航局。但是，民航局还是不愿意相信王均瑶。他却坚定不移地对民航局的办事人员说道："我知道，你们主要担心经营中存在的各种风险，请你们放心，我愿意承担一切风险。另外，我愿意首先付给你们几十万元人民币，相当于先付钱，后开飞。如此一来，你们不仅不用承担任何风险，还能'旱涝保收'。"

最终，王均瑶用自己足够的诚意打动了两大民航局，双方达成了"包机协议"。当年7月，王均瑶终于促成了长沙飞往温州

第二章 人性
"狼性"造富人，"羊性"变穷人

的航线。当一架"安24"型民航客机从长沙平稳地飞往温州机场时，打开了国内首次私人承包飞机的市场。

相信当时并不只有王均瑶一个人意识到长沙到温州之间飞机的速度最快，可是，却只有王均瑶一个人勇于开创"私人承包飞机"的先河。当长沙飞往温州的航线开通后，王均瑶承包的飞机几乎每次都爆满，足以证明他的选择是正确的。自此以后，王均瑶很快成立了天龙包机有限公司，又在接下来的短期内连续开通上海飞往温州、上海飞往黄岩的包机航线，同样是座无虚席。不过几年的时间，天龙公司已经与国内20多家著名的航空公司合作并开展了航线承包以及航空货运代理业务。同时，他的包机业务迅速在全国各地如雨后春笋般兴起，其后，王均瑶又成立十几家分公司，每个星期都能运行400多个航班。

大胆做事的人，也许会面临一定的风险，可是也会有更高的收益；而做事畏首畏尾的人，不敢承担任何风险，自然也不可能获得多高的收益。如果你做任何事情都是胆小怕事，虽然不至于饿死，但也不会过上富足的生活，一生也注定碌碌无为。

这是发生在日本三洋电机株式会社的创始人井植岁男身上的一个真实故事：

有一天，井植岁男正在欣赏家里被修剪得整洁美丽的花园，园艺师傅走过来对他说："社长先生，您一直是我敬仰的人物，我羡慕您成功富有的生活。可是，您看看我，我就好比是那树上小小的蝉，终其一生就只知道埋头苦干，自我感觉有些没有出息，您能否教我一些创业秘诀呢？"

井植岁男听了园艺师傅的话后，想了想同意了，说："你很适合做园艺工作。我工厂旁有2万坪空地，我们可以合作种树苗。"

园艺师傅忍不住问道:"如果我要购买树苗,1棵需要多少钱?"

井植岁男平淡地说道:"一棵树苗40元,不过,我愿意支付100万元的树苗成本以及肥料等费用,而你,只需要负责锄草与施肥等工作。三年后,我们就能获得600多万的盈利,到时我愿意和你平分这笔财富。"

让井植岁男没有想到的是,园艺师傅竟然拒绝了这个提议。因为园艺师傅觉得自己做不了这么大的生意,他始终只是一个普普通通的园艺师傅。

与井植岁男相比,园艺师傅可以说是一个不折不扣的穷人,他见井植岁男的事业越做越大,于是想要依靠井植岁男的帮助来达到自己致富的目的,但是他虽有致富的心,却没有致富的胆量,尽管井植岁男已经告诉了他致富的方式,他却因为自己的胆小而错失这样大好的机会。

一个成功的人,一定是个具有非凡胆量的人。在现实生活中,我们不可避免地遇到各种各样复杂的问题或挫折,而要解决问题,就需要具备一定的经验与智慧,当然,还需要有非凡的胆量。

故事中的园艺师傅之所以无法脱离"园艺师傅"的身份,不是没有改变的机会,而是他没有胆量去迎接机会的到来,最终只能浑浑噩噩地度日。这也许是大多数人面临的现状,想要获得财富,可又缺少胆量,白白错失良机,却还要抱怨上天的不公。

第二章 人性
"狼性"造富人,"羊性"变穷人

> 🪙 **脱贫致富经**
>
> 　　我们尽管不能选择自己的出身环境,却可以用自己的双手去创造一个光明的未来。诚然,打拼的过程中会遇上各种各样的困难或险境,但是,只要坚定不移地朝着既定目标前进,并且不胆小,不畏惧,勇往直前,穷人也能翻身做富人。因此,要永远记住这样一句话:"宁做撑死的恶狼,不做饿死的绵羊。"

第三章 人　脉

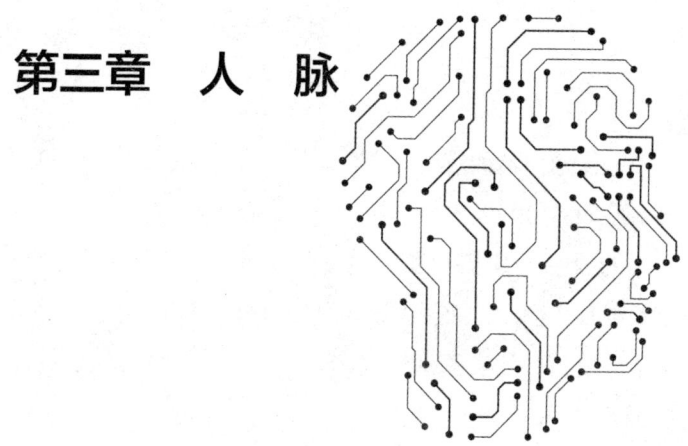

穷人走亲戚，富人混圈子

　　个人力量毕竟是有限的，因此在很多时候，要想达成某种愿望，必须要借助他人的力量。而一个人想要致富，也不可能完全凭借一己之力。这也是有钱的人更愿意结交有钱人的原因，因为大家可以结成联盟，在大家彼此需要的时候，相互帮助，还能从各自的身上学到经商经验，互通商业信息等。正所谓"穷人走亲戚，富人混圈子"。

穷人穷口袋,
富人富脑袋

人脉圈是成功不可或缺的资本

在追求财富的道路上,穷人的世界里往往只有自己的身影,富人的身边却有不同的出色人才,一起携手共创成功。

有人说,圈子就是"关系网"。或许,你与圈子里的人原本素不相识,但只要加入同一个圈子,就会慢慢地由陌路变成熟人。在圈子里混久了,彼此有了交情,就成了"自己人",此时,一个好汉三人帮,再办起事来自然就顺利多了。

圈子意味着机会。一位跨国公司老总曾经说:"发现人才的渠道比较多,企业普遍的途径是通过在报纸、网上登广告,还有找猎头。但最好的方法是,通过一些朋友或者通过一些协会,找情况比较了解的人。当然,也可以通过社会交流,在各种场合注意观察,看一下某一个所谓的人才有没有可以雇用、合作的价值。"

现在,很多人热衷于读EMBA。其实,与掌握的知识相比,这些人更看重EMBA圈子所带来的人脉。有一位企业家曾经说:"读EMBA的同学,每一个都有不同的资源,不同的圈子,大家在一起可以做一些资源整合与利用。"

卡耐基曾经说:一个人的成功,有85%取决于人脉建构与经营的状况。每个人都生活在盘根错节的人脉网络中,要想让生活充满乐趣、事业一马平川,谁都离不开他人的帮助与扶持。所以,要想尽快走上致富路,一定要有自己的圈子,而且圈子越大越好。

蓝诗，是一家美术杂志社的记者，是画家经纪人，诗人，又是某电视栏目的嘉宾主持，也是一个有着很多生活圈子的人。

她说："不管你来自哪个地方，不管你有着怎样的生活追求，只要你愿意，你就能找到自己的圈子，能加入不同的圈子，整合各方面的资源！"

于不同的行业之间游走，身兼多职，这样的身份有利于对资源进行有效的整合和利用。

蓝诗在美术杂志社当记者，要采访很多的画家，参加各种各样的画展与活动。那些画家会介绍她认识自己的朋友，比如作家和大学教授等，慢慢地，她就加入了那个圈子。蓝诗在参加各种各样的画展与活动时，结识了一些收藏家、企业家，慢慢地她又加入了那个圈子。同时，她有自己的朋友圈、同学圈，比如，有的大学同学是做营销的，有的做企业管理，有的做会展……当企业需要办会展时，她可以为需要方牵线搭桥。有这么多的圈子，她做事也相对容易一些，比如，她出个人传记时的赞助企业，就是她参加画展活动时认识的企业家，而这些企业家也通过她的关系，认识了一些名画家、书法家，收藏了一些名家字画。

很多人都是靠圈子富起来的。所以，别小看了圈子，它是个人资源与社会资源进行交换、整合、匹配的一种给力魔方。

史玉柱的交际圈主要在两个俱乐部：一个是泰山会，另一个是金鼎俱乐部。在老巨人垮了之后，泰山会的一些朋友成了空降兵，很多人都想着怎样帮助他。可见，良好的圈子就是一个人梦想路上的救生圈，在关键时刻可以帮衬，可以给力。

对于富人来说，圈子既可雪中送炭，又可锦上添花。渴望成功的人一定要不断拓展自己的圈子，这样就等于为梦想架构了很多桥梁，有了这些桥梁，就能比别人少走一些路，在身处困境时能得到最大的帮助。

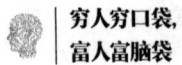

🪙 脱贫致富经

"好汉双拳难敌四手。"通往致富梦想的路上,总有崎岖坎坷,与其到时孤军奋战,不如平时多搭建自己的圈子,多用心维护自己所处的各种圈子,遇上机会,可以将各种社会资源进行交换、整合、匹配,那样,在梦想的路上,就能借力腾飞,事半功倍。

第三章 人脉
穷人走亲戚，富人混圈子

千里难寻是朋友，朋友多了路好走

世界对每个人真的不公平吗？大部分人立刻表示肯定，他们的理由很充分：有的人吃鱼翅燕窝，有的人却吃窝头咸菜；有的人拥有十栋别墅，有的人却只有一座土房。这怎么能叫公平？的确，每个人的财富相差甚远，这看似有些不公平，但这只是对时间的用法不同而产生的不同结果而已。换句话说，时间在不同的人眼里价值也不尽相同，有的人花大把的时间用来走亲戚、唠家常，而有的人则充分利用每一分每一秒向成功人士学习致富经验。

那些经常走亲戚的人，彼此之间的话题大多没有新意，无非是些家长里短，时间一长，不仅耽误了大好的时间，自己的境况也得不到任何改观。哪怕是一只老鹰，长时间生活在鸡窝里，渐渐地也会受其影响，失去展翅高飞的能力，浑浑噩噩地生活。

一枚老鹰蛋不小心落到了一个母鸡的巢穴里，被母鸡当成自己的孩子一样孵化了。

这只被母鸡孵化的小鹰总认为自己也是一只小鸡，它每天跟着母鸡妈妈前往垃圾堆里寻觅食物，和其他小鸡一起玩耍，甚至学习母鸡的叫声。小鹰将自己飞翔的高度定位于和母鸡飞翔的高度一样，它认为自己长大后与母鸡并没有什么区别。有一天，偶然间抬头的小鹰看见一只在高空中飞翔的鹰，于是好奇地问母鸡道："那只在天空中自由翱翔的鸟叫什么？"母鸡回答道："那是一只自由自在的老鹰，它在鸟类中很了不起。只是，我们是鸡，无法像它一样在天空中飞翔。"

于是，小鹰接受了母鸡的观点，它从来没有尝试着像真正的鹰一样展翅高飞，而是老老实实地做一只"母鸡"。因为它的一生中从未引起过其他鹰的关注，再加上它的周围只有不会飞的鸡，时间一长，它丧失了飞翔的功能，像母鸡一样浑浑噩噩地生活。

也许，这只小鹰的遭遇十分令人同情，我们又何尝不是如此呢？原本你能像鹰一样飞得更高，可是因为受到周围见识浅薄之人的影响，使得你只能像母鸡一般平庸地生活。

在中国的历史上有位伟大的人物，此人资质聪颖，是极负盛名的政治家、军事家和谋略家。他就是姜尚，姜子牙。

有传说称，姜子牙的祖祖辈辈都是贵族，尤其是他的先祖曾在舜时做官，因为功勋卓著，而获得了一处叫吕的封地，所以，世人又称他为吕尚。按理说，姜子牙出身显贵，才华横溢，本可一生过着富裕的生活，然而他前半生穷困潦倒，到了晚年才被周文王重用。在被重用之前，姜子牙曾做过肉贩，也曾卖酒为生，算得上是一个实实在在的穷人。

为什么有才能，有出身，但姜尚的前半生却穷困潦倒呢？学了那么多的知识，一出山就打下天下，而前半生都被贫困束缚，究竟是为什么？因为在他的时间里少了很重要的一项内容——交际。不扩大自己的交际圈，永远无法使自己的才能被更多的人了解。试想，文王要去那么多地方，万一没有到姜太公钓鱼的河边，又或者姜太公在文王找到他之前先老死了，那么，人们就永远不会知道有个叫姜尚的人。由此很容易联想到，在这个世界上有太多的能人志士，那些拒绝扩大社交圈子的人，永远没有施展才华的机会，只有乐于奔走在各种交际场合的人，才有实现自己远大抱负的可能。

在北京，有一个名叫吕春穆的人曾被人冠以"京城火花大王"的美称，而最初的他，是一所小学里一名普通的美术教师。

有一天，他突然迷上了收集火花，打印了200多封情真意切的信，邮到北京周边的各个火柴厂家。在很短的时间内，他竟然连续收到来自70多家火柴厂的回信，并寄给他数百枚各式各样的精美火花。紧接着，他又用自己收集的火花作为资本，开启了"以火花会友"的征程。没过多久，吕春穆终于与一位在新华社上班的人结为"火花友"，对方与他第一次见面就赠送给他20多套精美火花，另外，还建议他向江苏常州的一位"火花友"求购"火花爱好者通讯录"。

从那以后，吕春穆陆续与国内100余名"火花友"从陌生到熟悉，他与自己的"火花友"交换藏品，并且互相交流关于火花的最新消息。吕春穆前前后后共在报刊上发表了有关火花收集的几十篇文章，进而成了《北京晚报》"谐趣园"一栏的专门撰稿人。

1991年，吕春穆携带自己收藏的20万枚火花精品，前往广州参加一个"中华百绝博览会"，因火花藏品最多而被冠以"火花大王"的荣誉称号，获得了很高的名气。

时至今日，吕春穆的火花收藏业做得很大，他更是凭借国内外举办的多次火花集邮展，获得了很高的报酬。吕春穆依靠自己的业余爱好成就了自己，而他的成功经历就是以业余爱好为手段，扩大自己的交际圈罢了。

　　许多既没有背景又没有资金的人,之所以能"空手套白狼"一举成功,全在于他们的人脉存折足够多。一个人相交的朋友多了,自然接受的信息就多了,也会因此多了许多赚钱的机会;如果你交往的贵人朋友有几个,那么,当你遇上问题的时候,就比较容易解决。都说中国是"人情大国",当你拥有了更丰富的人脉后,做生意的时候自然就会更加顺风顺水。

> **脱贫致富经**
>
> 　　让自己倾听更多人的声音,让自己接触更多次的机会,让自己接收更多条的信息,像远古寻找野兽的猎人一样,不放过任何线索和机会。下班后的应酬,同学、朋友间的偶尔小聚,不是无意义的虚度时光,而是让别人记住你、认识你、了解你、重用你的最佳时机。

第三章 人脉
穷人走亲戚，富人混圈子

投资人脉，关键时刻能帮自己排忧解难

有人这样说："富人腰间三个圈，穷人腰间皮带环"。富人腰间"三个圈"是指人脉圈，包括同学圈、同乡圈和职业圈。把这三块人际资源牢牢握住，你的事业就能事半功倍。

1. 同学圈

当下，同学会这种交友模式众人皆知。据说，仅北京大学就有20多个各种各样的同学会，甚至还有一个由金融投资家进修班同学构成的同学会，不过才200多人，然而，由他们掌握的资金竟然有1200亿之多。另外，上海中欧国际工商学院工商管理系的毕业生除了在上海定期举办学友俱乐部之外，在北京也有分部。此外，还有其他各大高校的毕业生在全国各大城市举办的各种同学会。同学圈为很多人创造了人脉与财富。

目前，中国有上百位成功的企业家主要倚仗背后的同学才日益走向事业的成功。这些同学除了大学同学以外，还包括发小，中学时期的同学，甚至一些成人进修班的同学。

南存辉和胡成中都是位于中国富豪榜上的企业家。据说，这两人不管是小学还是中学，都是同班同学，并且两人一个长期担任班长，一个长期担任体育委员。两人大学毕业后开始合伙创业，直到企业做大做强后，两人才散伙，南存辉成立了正泰集团，而胡成中成立了德力西集团。

另一位事业有成的企业家曾经说过："我在中关村创立企业之前，曾花费大量时间与经历前往北大企业家特训班读书，我尤其注重与一些企业家交往。并且，我最初做成的好几单生意，不是同学协助我完成，就是同学提供的生意。是他们的帮助，才成就了今日的我。"

当然，作为一起学习或一起生活过的同学，守望相助是一种道义上的助推。就算有些人上学就是带有极强的功利心，也无可厚非。同学之间，尤其是一个寝室的室友之间，普遍会建立极为亲密的关系，再加上年轻人之间不会产生什么利益冲突，因而，哪怕走出了校门，再见面还是好朋友。

2. 同乡圈

除了同学圈之外，能够聚集很多人的就数老乡会了。因为有熟悉的乡音和相同的人文地理背景，大家都有一种自然的亲切感。

晚清时期的名臣曾国藩是湖南人，所以也最喜欢招募湖南人为士兵。

中国历史上有两大商帮徽商与晋商发展最为红火，就是因为这两大商帮有着非常团结的老乡情谊作为后盾。据说，在很长一段时间内，徽商会馆与晋商会馆遍布全国各大城市，而同乡聚会的最佳场所就是当时的会馆。

今时今日也一样，如果一个安徽人想到广州干一番事业，或是一个上海人要去美国创业，众多的同乡资源都将是助你成功的重要资源，所以要懂得利用同乡资源，助你一臂之力。

3. 职业圈

如果你想创造一番自己的事业，那么不可或缺的是职业资源。通俗来说，职业资源是指在你工作中所建立的各种资源，包含项目资源与人脉。如果能够很好利用这些资源，利用熟悉的人脉运转经营，就相当于找到了一条捷径，会少走许多弯路，成功创业也会更容易。

被人称为"云南汽车配件之王"的何新源是云南昆明人，他成功创业之前在云南省供销社工作，后来创立新晟源汽车配件公司就是靠在供销社结交的资源。宝供物流的创始人刘武之前是汕头供销社的一名普通"社员"，后来被派往广州火车站工作，从事货物转运工作，后来承包了转运站的工作，就是利用职业圈中的各种资源，一举开创了宝供物流，从而在全国的物流业中脱颖而出。

以上这些人际资源可以统称为"朋友"。一个人想要创业，就要主动去结交各个领域的朋友，说不定哪一天你在创业的途中遇上麻烦，一些朋友就会拉你一把。俗话说："多一个朋友多一条路。"这是生意场上的至理名言，所以，学会交朋友是创业者要予以重视的事情。

如果说富人腰间有三个重要的圈，恐怕穷人的腰间只是一个普普通通的皮带环了。之所以成为穷人，不仅因为没钱没势，更是因为没有朋友。所以，当穷人遇上麻烦的时候，总是会"上天无路，入地无门"。

脱贫致富经

富人不仅善于经营自己,更善于经营别人,通过别人的力量,助自己实现目标。学会利用同学圈、同乡圈和职业圈这三个资源来"借鸡下蛋",是每一个人应该掌握的一门必不可少的学问。一个人独自努力,不如借助他人。若你想快速致富,就得好好利用腰间的"三个圈"。

常与同好争高下，不与穷人论短长

和优秀的人交往，毫无疑问可以促使自己进步。明智的人从来不把时间和精力耗费在目光短浅、胸无大志的人身上，相反，他们总是愿意多结交那些志存高远的人，所谓"近朱者赤，近墨者黑"，就是这个道理。

2016年的热播剧《欢乐颂》中，古灵精怪的富二代曲筱绡，纽约归国的高级商业精英、投资公司高管安迪，她们都是名副其实的富人。正是因为普通白领樊胜美结识了她们，在"势单力薄"的樊胜美一家遭遇恶人上门逼债时，才有效地化解了这场危机。富人不仅有钱还有广阔的人脉，头脑聪明的安迪认为这伙恶人没有讨到想要的好处肯定会再次上门勒索，江湖经验颇丰的曲筱绡找到当地有势力的地头蛇从中调解，最后完美地解决了这场敲诈勒索。

怎样结交优秀人物呢？无论交际圈有多大，对个人而言毕竟是有限的，想要快速营造更广阔的社会交际网，最有效的方法就是结交那些社会关系总量大的人。

年轻人必须擦亮眼睛去结交朋友，尽量结交这样优秀的人才：他是交际达人，他的朋友遍布各行各业，各个地域，他关系密如蜘蛛网，走到哪里都受到热烈的欢迎。总而言之，就是要与那种交际手腕高明的人结交，因为

"熟人多，好办事"，当你遇上难以解决的事情时，他或许能轻而易举地帮你的忙。

这种人正是刚毕业的年轻人急需结识的，一旦认识了这样的"龙凤人物"，并且跟他相处好，那么他的朋友就有可能变成你的朋友，他的关系也有可能变成你的关系。这种人是社交网络中最有价值的一种人，他们也正是我们千方百计要结交的人。

有很多人总是能够成功地"攀龙附凤"，然后"鸡犬升天"，成为大人物。案例中的许飞就是这样一个从一文不名的大学生，"一飞冲天"跨入成功者行列的人。

大学毕业后，许飞怀揣着梦想与激情来到北京闯荡。与很多初来北京的年轻人一样，他满脑子都是幻想却又觉得无处下手。但是，许飞的运气还不错，在他刚来北京没多久，就机缘巧合与某外资银行副总裁董先生相谈甚欢，这也成了他后来在北京创业的一大助力。

原来，刚到北京后许飞租了一位姓董人家的房子，这家的主人董夫人恰巧是许飞的老乡，再加上两人喜欢天南地北地聊天，时间一长，许飞就与董夫人成为了朋友。每当许飞闲来无事，就与董夫人聊天，有时候聊人生，有时候也会聊些生活中繁琐的小事。一来二去，许飞在董夫人的心中留下了极好的印象。后来，经由董夫人的推荐，许飞得以与董先生结识，因为许飞为人不拘小节而又谦虚有礼，董先生也认为许飞是个不错的年轻人。后来，当许飞说到自己对未来事业的期许和打算，准备创业但缺少资金的时候，董先生认为他的想法不错，于是想办法帮他筹集到了资金。在董先生的帮助下，许飞的事业顺风顺水，一举成功。

第三章 人脉
穷人走亲戚，富人混圈子

在这个小案例中，许飞的成功离不开董夫人，并通过董夫人结识了自己人生中最重要的助力——董先生，演绎了一出"男版灰姑娘变身记"的故事。虽然这只是一种巧合，但这个巧合却改变了他的人生，这不得不让人慨叹：结识那些人脉广的人真是能改变命运啊！

经常结交十分优秀的人，心里必然感到压力大，而这种压力无形中会转变成一种动力，促使你不断努力，直到逐渐接近或超越他们，压力才能得以缓解。而在你努力的过程中，这些人往往会传授你一些他们的经验。比如，如何提高工资、什么样的工作适合你、可以介绍你跳槽……无论是从什么方面，这样优秀的人都会影响到你，同时会逐渐帮助你提高自己。反之，如果你认识的人都是一些不如自己的人，那么你在他们面前就会产生一种优越感或平衡感，这种心理会让你忽视与他人之间的距离，让你变得没有追求，如此一来，你也就会错失很多更好、更有利于自己发展的机会，从而失掉创造更多财富的动力，只得做一个穷人。要记得"常与同好争高下，不与穷人论短长"，"同好"能让我们迅速成长。

脱贫致富经

交友要懂得一些交友原则：俗话说："一个篱笆三个桩，一个好汉三个帮。"想要成为富人，就离不开亲戚朋友的帮忙。只是，我们应该如何与人结交呢？

首先，交友要有原则。俗话说："近朱者赤，近墨者黑。"虽然说"朋友多了路好走"，可是，交友不慎也会吃大亏。因此，你需要仔细判断想要去结交的朋友，否则，不但不会从中学到有益的东西，还可能让自己掉入深渊。

其次，要主动出击。如果你总是待在屋里不出门，那想要结交到好朋友简直是异想天开。如果有机会参加一些大型的聚会，最好主动去参与。交朋友不分场合，甚至有可能因为交谈几句话成为好朋友。因此，当我们面对陌生人的时候，最好报之以善意的微笑。

最后，学会维持友情。当朋友不小心做错什么事情的时候，不要过于苛责，而是宽容以待；当朋友面临难以解决的问题时，最好耐心倾听，如果自己有能力，也要对朋友施以援手。

第三章 人脉
穷人走亲戚，富人混圈子

挤进富人圈里当穷人，不在穷人堆里当富人

犹太人常常说："穷，也要站在富人堆里。"也许就是这样根深蒂固的思想观念，犹太人做生意发家致富的人有很多。所以，如果不想一直穷困潦倒下去，就要想办法通过自己的努力脱离贫穷的钳制——改变自己旧有的思想，认准目标，抓住机遇，并且积极行动起来。

实践证明，只有向成功者看齐，与其结伴同行，并从他们身上学习到获取财富的本领，才有可能帮助你摆脱贫穷。

有这样一则故事：

智者来到一处草原，看见一头骡子在叹气，于是上前问道："你为什么叹气？"

"每天我都早早地起来为我的主人拉货物，可就是吃不饱，您说我能不叹气吗？"

"你对目前的情况不满足吧？"

"当然不满足了，起码要让我吃饱才行。"此时不远处一群马在奔跑着，骡子见了，又不耐烦地说，"您看看，马也是我们家族中的一员，它吃得要比我强很多，住所也要胜过我。"

"马为什么能比你过得好呢？"智者问。

"因为这里的人非常需要马，在这广阔的草原上人们可以骑着马放牧。"

"我知道你过得不好的原因了。"智者答道。

"请您告诉我吧。"骡子恳求道。

"你为什么不能做到像马一样奔跑呢?"

"我天生就跑不快。"骡子无奈地说。

"你真的尝试过吗?"智者反问道。

"没有。"说完骡子低下了头。

"要想摆脱你现在的处境,你必须要学会像马一样奔跑起来,这样主人才能看到你的价值,你也才能摆脱吃不饱的现状。"

骡子听完智者的教诲后,便下决心要从马身上学习到快速奔跑的技能。于是它开始行动起来——白天为主人拉完货物,晚上便虚心向马学习奔跑的技能。就这样,通过自身的刻苦训练,这头骡子也能像马一样地快速奔跑在草原上了。

当骡子的主人发现它能够像马一样奔跑的时候,便不让它再去拉东西,而是让它和马一样加入了放牧的队伍。从此,骡子不仅不再干最累的活,吃和住也能享受到和马一样的待遇,最终实现了自己的梦想。

可以看出,骡子在智者的教诲下,从马身上学习到快速奔跑的本领,从而使自身的命运发生了改变。好比渴望摆脱穷困的人被某成功者的一句话惊醒,并以此作为致富的秘诀,通过改变自己,很快证实了自己的价值,获取了名利。

再来看看下面这个故事。

在华尔街一提到"股圣",投资者们首先想到的是彼得·林奇,但是在没有成为投资大师之前,彼得·林奇的人生却经历了很多波折。

第三章 人脉
穷人走亲戚，富人混圈子

彼得·林奇出生在一个殷实的中产阶层家庭，然而，自从他的父亲生病住院后，家里的经济状况便一日不如一日。于是，彼得·林奇被迫到父亲朋友的高尔夫球俱乐部做了一名球童。

来这家俱乐部打高尔夫球的人非富即贵，于是彼得·林奇细心观察前来打高尔夫球的富人们。

彼得·林奇由于受过很好的家庭教育，对客人总是表现出热情的态度，而且通过观察客人，他了解了每个客人的喜好。在客人眼中，他是一个懂事、贴心的球童。

这天，球场中来了一位客人，彼得·林奇像往常一样热情地接待客人，帮他准备好打球所需的必要工具。在打了一个小时的球后，这位客人休息时，与小彼得·林奇攀谈了起来，客人问道："你叫什么名字？"

"彼得·林奇。"

"你每天都在这里捡球吗？"

"上班的时候我会帮助客人捡球，下班回家以后，还要学习一些金融方面的知识。"

"小小年纪居然对金融感兴趣。"客人有些好奇地说道。

在交谈中，客人问了关于金融方面的几个问题，没想到彼得·林奇都对答如流。这位客人觉得彼得·林奇小小年纪就对金融如此感兴趣，将来一定会在这个领域有所建树。于是，他让彼得·林奇到自己的公司去上班。就这样，彼得·林奇拉近了自己与富人之间的距离，并为该公司赢得了不少投资收益。

在此后的人生发展中，彼得·林奇把人生长远发展紧紧地与富人联系在一起。他认为，多接触这些人会对自己的人生发展起到很大作用。通过与这些人接触，不断向他们学习，彼得·林奇最终成为了一名享誉世界的富翁。

脱贫致富经

在现实生活中，有些人普遍有致富的心理，但实际上他们经常混迹于穷朋友、穷亲戚之中，不管是生活习惯还是思维方式，都跳不出固有的模式，他们所缺乏的是富人思维和处事方法，所以对他们来说，致富无疑是痴人说梦。

由此可见，置身的环境对一个人意志具有极大的影响。如果把一个满腔抱负的人放到一群胸无大志的人群中，久而久之他就会变得骄傲自满、不思进取，甚至曾经的辉煌也从此被湮灭。反之，让一个没有作为的人时刻面对一群努力奋进、积极进取的人，那么他就会一点一点从他们那里学习为人处世的方法，并且激励自己不断进取，最终成为他们中的一员。

因此，不要为一时的贫穷感到灰心丧气，只要具有强烈的进取心和坚定必能成功的决心，再从功成名就的人那里学习获取财富的方法，最终会跟穷困说"再见"。

成功不能只靠自己，还要学会借力

比尔·盖茨之所以长期稳坐世界首富的位子，很大程度上是因为他懂得向人借力。他曾经说过："任何一个聪明的企业家都善于借助别人的力量，任何一个聪明的人也都善于借助别人的力量。不管是做生意，还是为人处世，都需要懂得借助他人之力，如此一来，更有助于你早日走向成功之路。"现代社会越来越开放，越来越讲求效率，信息的传播速度也呈几何级增长。为了适应这种社会节奏，社会分工也变得越来越细，基本上很少有人能够掌握所有新技术，个人英雄主义受到推崇的时代一去不复返，单个人的努力很难在现代社会中取得成功。要想不贫穷，变得成功和富有，必须要借助更多人的力量，与他们联合在一起，这样才有机会不断开拓自己的事业，赚取财富。

2009年，正是金融危机甚嚣尘上的一年，美国的整个经济运行状况十分堪忧。然而，马云却不这样看待美国经济，他不认为美国的IT业会就此垮掉。马云在纽约做了一次题为"拥抱企业家精神"的演讲，正式提出把业务扩展到美国，特别是依托硅谷发展淘宝和支付宝。

在常人看来，当时美国经济形势十分严峻，受到金融危机严重打击的硅谷早已褪去了昔日的光芒，马云不抓紧占领中国这片互联网产业为数不多的绿洲，反而分身到硅谷，显然让人觉得奇怪。然而，马云却不这么想。当时，淘宝已经占有了中国C2C市场绝大部分的份额，eBay算是淘宝的手下败将。然而，马云此番出行美国，就是想与eBay寻求合作。他说："世界经济最黑暗的时候已经过去，但最困难的时候还没有来，我们愿意在美国市场上和eBay寻找合作的机会。"马云之所以向eBay伸去合作的橄榄枝，是因为他知道eBay作为美国本土企业，有着诸多先天优势。

其实，马云寻求与eBay合作并不在于淘宝，而在于阿里巴巴旗下的B2B和支付宝等电子商务业务。由于当时经济形势对电子商务的冲击非常直接，阿里巴巴已经明显地感受到了中小企业萎缩而带来的压力，如果马云能够成功说服eBay接受亚洲最大的供货商——阿里巴巴，那么阿里巴巴的B2B就将成为一座连接中国和全世界的桥梁。这无疑可以实现优势资源互补，从而缓解阿里巴巴在国内发展的压力。

然而，当时不少随行的阿里巴巴成员还是对他的决定表示不理解，因为他们起初都以为马云这次到美国是要继续攻占eBay在美国的市场，没想到马云却力图寻求与eBay合作。

为了让这部分人理解自己的用心，马云特地为他们讲了一个关于"借力的重要性"的小故事：

一个阳光明媚的午后，父亲看到花园中的花草都已经枝繁叶茂、旁逸斜出了，就让儿子与自己一块儿去修整花园。儿子笑着答应了父亲，在花园中，他们开开心心地修剪了栅栏边那些过长的枝条，在剪去了一些多余的玫瑰花苞之后，他们发现经过修整后的花园的栅栏变得更加漂亮了，父亲与儿子相视而笑。

一阵清风缓缓地吹过来，父亲与儿子笑得更开心了。然而这时候，父亲却发现修理花园草坪的割草机没油了。其实，父亲已经将割草机要用的油准备好了，油桶就在花园栅栏外面，他让儿

第三章 人脉
穷人走亲戚，富人混圈子

子过去将油桶搬过来。

于是，儿子走到油桶旁边，使出全身的力气去搬油桶，但油桶纹丝不动。努力了半天后，儿子终于承认了自己搬不动油桶的事实，于是向父亲喊道："爸，不行啊，我没法挪动这只油桶。"

父亲温和地对儿子说："我相信如果你能够开动脑筋，想尽一切办法，一定能够将油桶搬过来。"

儿子听后，一言不发地继续用尽全力尝试着挪动那只油桶，结果自然不能成功，到了后来，儿子快要急哭了。正在这时，父亲缓缓地走过来拍着儿子的肩头说道："儿子，我看到了你的努力，可是，你似乎忘记一件很重要的事情。"

儿子瞪大了眼睛，望着父亲迷茫地说道："什么事？"

父亲笑了笑说道："难道你还是没有明白？我就站在你的身后，而且我早已做好随时上前帮你的准备。可是，你却没想着借助我的力量搬动油桶。"

儿子恍然大悟，父亲让他过来搬油桶其实只是想告诉他要多向有能力帮助自己的人"借力"。儿子对父亲说："爸爸，我需要您的帮助。"然后，父亲就与儿子一起将油桶搬到花园里，给割草机加满了油。看到割草机又能启动了，儿子高兴地叫道："爸爸，我们又能开始修整花园了！"

马云说，阿里巴巴进军美国电子商务市场，不是件容易的事，我们必须借助eBay的本土优势，与他们展开合作，否则我们很难取得成功。而且，国内的电子商务毕竟起步比美国晚，我们的互联网技术虽然发展迅猛，但还是比不上硅谷，阿里巴巴也有很多需要向eBay学习借鉴的地方。只有借助了eBay的强大实力，阿里巴巴才能在美国发展得更好。

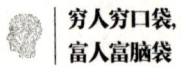

有的人之所以富甲一方，是因为他们比一般人更加懂得借力而行。"全球第一CEO"杰克·韦尔奇提出"智慧全球化"的概念，其实只是借助全世界优秀企业的管理经验和文化精髓，帮助自身企业从经营管理和思维模式上实现飞跃。可见，韦尔奇十分重视借力的强大作用。

脱贫致富经

真正的"智慧"不是完全靠自己的聪明才智取得成功，而是借用别人的力量达成目标。所以，每个人都应该学会如何利用人际关系来增添自己的"智慧"。现代社会的复杂性远远超过了以往任何时代，如果不懂得借助别人的力量，想要获取财富几乎是不可能的。而如果能像马云这样，有效借助他人的力量，将外界所有可用的力量集中在一起加以利用，获取财富就会轻松得多。由此可见，善于请教别人，善于求助于他人，就能够大大提高自身的效率。

第四章 想 法

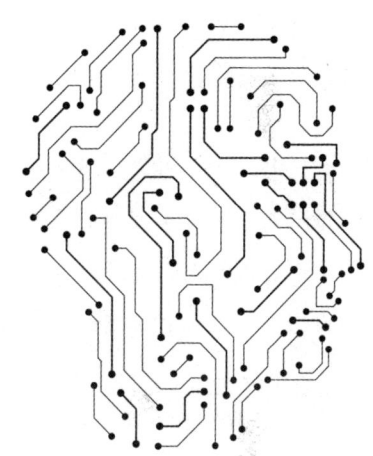

转变思想当土豪，不懂变通做穷鬼

很多时候，我们很想改变现实生活中一些不满意的状态，迫于现实，可能无法立刻改变，这时候我们需要做的就是改变自己的思想。有时，只要我们放弃了错误道路上的盲目执着，选择理智的改变，就可以发现"柳暗花明"的一片新天地。当我们事业不顺时，不妨静下心来换个角度思考，或许能发现另一条成功之路。转变思想，可能我们一下子就可以找到一条走向成功的捷径。

唤醒大脑，像富人一样思考

现代法国小说之父巴尔扎克曾经说过："会思考的人，才是一个真正有力量的人。"其实，善于思考的人也会创造更多的财富，特别是那些不拘泥于常规思维的人，更能成为其中的佼佼者。而有些人却总是陷入常规思维，不肯出来，就如下面故事的主人公一样。

李艾是一家三星级宾馆的老板。有一天，他的一位好朋友特意为他引荐一个大导演，想要租他的宾馆会议室召开一个新闻发布会。李艾很开心地应允了。然而，当李艾与大导演商讨会议室租金的时候却发生了重大分歧。李艾认为这间会议室至少需要4万的租金，可是，大导演只答应给他2万，双方争执不下。朋友见此，急忙劝说李艾道："赶紧答应吧，你不要只关注2万块钱的租金，要知道这次到来的有许多演艺界的大腕，在平常时候，恐怕你一个也邀请不来呀！"

可是，固执己见的李艾还是认为自己亏了，依旧坚持要4万租金，并且对朋友抱怨道："我真是没想到你会给我介绍这么小气的人过来。"

朋友听后非常生气，直接声言要跟他割袍断义，从此不再是朋友。之后，朋友就怒气冲冲地离开了。

李艾创办的三星级宾馆一旁恰好是一家四星级宾馆，当该宾

第四章 想法
转变思想当土豪，不懂变通做穷鬼

馆的总经理得知此事后，很快联系到了那名大导演，甚至以低于2万的租金把宾馆最大的会议室租给他们。召开新闻发布会的那段时间，除去各大电台和报社的记者光顾之外，还有不少电影明星以及闻风赶来的众多影迷，结果这家四星级宾馆十几层的房间统统爆满。也因为众多明星的莅临，这家四星级宾馆声名远播。

李艾得知后，后悔不迭，只是，一切都已成定局。

在日常生活中，绝大多数人都希望自己做每件事都能获得最大的利益，将每件事都做得完美漂亮。然而，这需要选择一个好的突破口，而逆向思维能更好地将其彰显出来。上述故事中的李艾受常规思维的制约，局限于眼前的得失，考虑问题不懂得变换角度，本来可以成功，却把成功的概率降为了零。

有些人之所以获取大量财富，原因在于他们遇到问题时能够逆向思考。

在美国俄勒冈州有一家名叫"最糟糕餐馆"的餐馆。实际上，这家餐馆的饭菜并不像人们想的那么糟糕，餐馆的布置以及招待的形式也和其他餐馆没有什么区别，只是这个餐馆名字有些与众不同罢了。

"最糟糕餐馆"在对外宣传的时候，说自己餐馆的食物非常恶劣，服务态度也非常差。餐馆的墙上甚至贴出"隔夜菜"这样的菜谱。让人感到不可思议的是，虽然该餐馆的老板将自己的餐馆贬得一无是处，可是十几年来却吸引了许许多多的外国游客与本地人的光临，其中相当一部分人都是冲着餐馆的名字而来，希望自己亲身感受该餐馆究竟有多么"不堪"。

这家餐馆大获成功，而这一切都是源于餐馆老板的逆向思维，他非常清楚人们都有好奇心，因此也盈利颇丰。

在生意场上，同行之间竞争残酷，更要出奇制胜。这家名为"最糟糕餐馆"的餐馆就是利用人们的逆反心理，不以特色菜等传统方式吸引顾客的光临，却用逆向思维吸引了更多顾客。

事实上，古往今来的哲学家教给人们的往往是思维上的境界，影响的是一个人眼光的深度与看待事情的广度，而不是教导人们生活中的小技巧。我们都希望拥有超凡的思维境界，可是，却没有多少人能够正确运用逆向思维。如果你能做到，表明你离成功和财富不远了。

脱贫致富经

人们总是习惯于运用常规思维解决问题，而鲜少有人会运用逆向思维思考问题。实际上，如果在我们的生活中碰到难以解决的问题，如果学会运用逆向思维将整件事情倒过来思考与分析，也许就能很快找到事情的关键所在，从而轻易地解决问题。

在中国，"司马光砸缸"的故事家喻户晓，司马光就是没有运用常规思维的方式"跳水救人"，而是运用逆向思维的方式将大缸砸破，才救出了自己的小伙伴。这就是逆向思维散发出的独有魅力。

第四章　想法

转变思想当土豪，不懂变通做穷鬼

勤劳致富已经过时，用智慧闯出致富路

也许这些年你一直笃信勤劳致富，认为只要听父母的话、听领导的话，勤勤恳恳、夜以继日就能出人头地。为人勤劳没有错，但勤劳却不是致富最重要的因素。

现实生活中的很多事情也都验证了这一点，仅靠不停地干活、劳作显然是不能致富的，否则中国几千年来最勤劳的农民个个都是富翁，进城盖高楼大厦的农民工兄弟人人锦衣玉食，因为他们是最勤劳、干活最多的人。

为什么现在社会不能完全依赖"勤劳致富"呢？归根究底，因为我们的生活方式改变了，致富模式也改变了。

在工业时期，赚钱模式就是你付出一分劳动获得相应的报酬。所以"勤劳致富"的观念在那样的时期是正确的。生于工业时代的人们，都认为勤劳的人更有出息，也更容易发家致富，相反，懒惰之人就会一事无成。

可是，21世纪是一个信息技术高速运转的时代，致富模式悄然发生了改变。在我们的周围，有很多人运用信息、凭借智慧走上了致富的道路，有时候一个绝佳的创意就使他们轻轻松松拥抱财富。

靠劳力赚钱，赚的只是小钱，只有靠智慧赚钱，才能赚大钱。在当今社会，只有敢想敢做的人才会更有出息。有人说："心有多大，钱包就能有多鼓。"这个观点在海尔集团张瑞敏身上得到了应验。

张瑞敏1997年曾经去四川西南地区的某农村做实地考察。他经过一段时间的考察后发现，许多农家使用的洗衣机都存在排水管污泥堵塞的问题。张瑞敏对这种现象感到很奇怪，于是向一个家有洗衣机的老农问道："为什么你家的洗衣机会出现排水管堵塞的问题呢？我对此很好奇，你能告诉我吗？"

老农说道："因为我家的洗衣机不仅用来清洗衣物，还会用它清洗地瓜。"

考察结束后，张瑞敏对随行的科研人员说，许多农民不仅用我们公司生产的洗衣机清洗衣物，还会用洗衣机清洗地瓜，结果总是会有污泥堵塞排水管，感觉很不方便，你们应该想办法解决这个问题。其中一个刚刚从大学毕业一年的年轻科研人员说道："众所皆知，洗衣机的功能就是清洗脏衣物，怎么可能用来清洗地瓜呢？"张瑞敏认真地说道："这是农民为我们提供的一个重要的科研课题，而这个课题并不是用金钱就能换来的。我希望你们能尽快研制出一种可以用来清洗地瓜的洗衣机。"

因为张瑞敏对这一课题极为重视，所以科研人员积极商讨，仅仅用了不到一个月的时间就将"大地瓜洗衣机"研制出来了。其实，研制的内容极为简单，就是弄出两个排水管，排水管有粗细之分，当洗衣服的时候，就用那条细点的排水管，如果想要用洗衣机清洗地瓜，就可以用那条粗点的排水管。后来，"大地瓜洗衣机"一经推出，就受到了广大农民顾客的追捧，也因此获得非常好的效益。

海尔集团推出的"大地瓜洗衣机"，表明了这么一个道理：一些看似荒诞不经或不可思议的事情，只要认真思考，就能找到创新的突破口，创造出更多销售神话。

张瑞敏靠着智慧竟然真的让"大地瓜洗衣机"诞生了。有些人相信智慧致富，于是努力通过自己的智慧改变生活、改变世界，进而将其变成财富。

第四章　想法
转变思想当土豪，不懂变通做穷鬼

白痴不懂思考，懒汉不愿思考，奴隶不敢思考，想要获得成功和财富，就要拥有智慧，并学会运用智慧，只有这样，你才能跻身于富人的行列中，成为其中的一员。

有一本在全球畅销的书籍名为《富爸爸，穷爸爸》，这本书之所以受到世界各地读者的追捧，是因为它向人们说明了这么一个真理：随着时代的变化，致富的观念也要随之发生改变。这本书中的"我"一共有两位爸爸，其中的"穷爸爸"对待工作极其努力勤恳，然而，随着日益增加的生活开支，他逐渐从入不敷出到背负很多债务；而"我"的另一个"富爸爸"每天工作得都极为轻松，却赚到许许多多的钱，他是"有钱的闲人"，生活富足而自在。

为何努力工作的爸爸会变得如此贫穷，轻松工作的爸爸却变得如此富有呢？虽然这包含众多因素，但是，穷爸爸之所以贫穷，主要是因为他的赚钱思路和方式无法跟上时代的变化。

现实生活中，有着无数像"穷爸爸"一样的追求财富者，他们的文化程度也不低，工作勤勤恳恳，甚至每天加班加点，但就是因为赚钱思路跟不上时代变化，结果当然是"没钱又没闲"。相反，那些像"富爸爸"一样的人能够认清时代的变化，率先从老旧的思维中解放出来，紧跟时代的步伐，利用与时代相合的思维方式去赚钱致富，结果自然是"有钱又有闲"。

我们知道，勤奋可以助一个人成功，但却不是他们取得成功的先决条件。你比你的老板勤奋，但你却不如你的老板富有，因为你的老板善于用头脑经营，而你只知道卖苦力。

脱贫致富经

如今的社会发展迅猛,科技也是日新月异,那么,我们应该怎么做才能从旧思维中解脱出来,应对今后的挑战呢?

在奋斗过程中,是用脑袋还是用蛮力,决定了这个人能否成功。所以做任何事情时,我们都应该调动大脑的力量,充分发挥聪明才智,以便更快、更好地获得成功。具体操作如下:

为每一个问题找到最佳解决方案。奋勇拼搏不等于鲁莽行动,相信任何一个问题都有一个最佳的解决办法。

遇事不要恐慌、急躁,不要急于出手,而是要冷静思考,注意观察分析。

当不知道怎么办的时候,就暂停脚步。

第四章　想法
转变思想当土豪，不懂变通做穷鬼

花钱不重要，花在哪儿才重要

在佛教用语中，有一个大家都比较熟悉的词叫"布施"，意思就是把你拥有的钱财或东西分享给他人。

布施是许多善良的富翁已经做过或正在做的事情。布施，说起来简单，实施起来并不是一件容易的事情。然而，对于美国石油大王洛克菲勒来说，他在孩提时候就已经开始在做了；对于美国钢铁大王卡内基来说，这也是他常做的事情。关于布施，有人将其说成"最伟大的赚钱秘密"，更重要的是，每个人都能从这个秘密中获得一些东西，不管你是谁。

洛克菲勒1924年在给儿子的一封信中对有关布施的行为进行了解释。他说，当他还是一个小孩子的时候，只要他获得一点儿钱，就会很快布施出去，当他赚到更多的钱财后，他布施的金额也逐渐增加。据统计，洛克菲勒在他的一生中一共布施了5.5亿美元。

当然，一些人会说洛克菲勒之所以对外布施钱财，只是为了改善自己在公众面前的形象罢了。实际上并不是这样的。在洛克菲勒公司里负责公关的艾维·李写了一本名为《取悦公众》的传记，人们就是从这本传记中得知了洛克菲勒几十年如一日地坚持布施的事情。卡内基和洛克菲勒一样，也有一份非常大的布施数额。当然，他也是美国最富有的人之一。

美国著名的广告家兼宣传家P. T. Barnum也热衷于对外布施

钱财。他认为，布施是营利性慈善的规律，布施给别人金钱，总有一天你也会获得回报。当然，他同样是世界上榜上有名的富豪之一。

鼎鼎大名的BBDO广告公司的创立者之一布鲁斯·巴顿，也对布施原理坚信不疑。1927年，他写道："倘若有人愿意长时间地为他人服务，甚至养成布施的习惯，那么，他就会聚集更多更强的力量，以此成就他的事业。"后来，布鲁斯·巴顿作为一名商业精英，还成了畅销书的作家，当然，富有的他同样布施了无数财富。

看到这里，也许有人会说，这些早年间就富可敌国的富翁钱多得花不完，布施对于他们来说，并不算什么。可是，这个世界上也没有规定有钱人就必须无偿地将自己辛苦赚到的金钱布施出去。只是，"付出总会有回报"，布施也会成就你的富裕人生。

在现实生活中，大多数人都对布施避而远之，或者只拿出一小部分的钱财布施出去。但是，如果你想获得更多，就应该尽自己所能地去布施。

例如，如今大多数人手机上安装的软件支付宝，就有一项"爱心捐款"功能，它的捐款金额不限多少，一元钱也行，一百元钱也可以。支付宝上这个人性化的设置能让我们的爱心传递出去。布施，就在这里得到体现。当我们向别人布施的时候，我们就有了真正慈悲的心，这也是自己善意的体现。

当你赚到更多钱财的时候，不要忘记那些曾经在生活上或工作上帮助过自己的人，当别人遇上困难时，你也要布施一些钱财帮助他们，不要紧紧捂住自己的口袋，做一个人见人厌的吝啬鬼。当然，布施的时候就不要要求回报，只有不带目的性的布施，才会在你的将来发挥更大的作用。

第四章　想法
转变思想当土豪，不懂变通做穷鬼

 脱贫致富经

当你并不算拮据的时候，就尽自己最大的能力去布施，帮助需要帮助的人，为自己的人生投资；当你腰缠万贯的时候，更要对社会上处境困难的人给予更多的布施和帮助。正所谓"富人穷时也喜欢布施，穷人富了也是'铁公鸡'"，所以，如果你渴望有朝一日成功，就请学着善意地布施吧，"铁公鸡"一样的人只能注定是穷人。

穷人穷口袋，
富人富脑袋

只有心态积极的人才能撬动财富

一个人成功与否，很多时候取决于他自己的人生态度。在美国，一个著名的成功学大师拿破仑·希尔曾说："一个人的心态好比铜板，其中的一面表示积极心态，另一面表示消极心态，当你选择生活的心态不一样，那么，你所拥有的人生也会天差地别。"

有些人总是习惯性地着眼于自己生活中所遇到的不如意的事，并以消极的方式看待，他们抱怨生意难做，抱怨没有机会，结果把自己带入了消极的陷阱里，可以预料，这样的人如果不做出任何改变，永远不会成功。而有的人总是用乐观的、积极的态度面对眼前的一切——在危机中他们看到的是机遇，在失败中看到的是成功。他们一旦陷入困境，就会积极地发展其他事业，寻求在其他的和更为理想的情况下获得应有的回报。

从前，两个秀才相约一起去京城科考，在赶考路上，他们遇到一支队伍在出殡。当两人看到那口黑漆漆的棺材时，其中一个秀才心里想道："哎，这真是不走运呀，恐怕我这次科考也不会顺利。"因此，充满消极情绪的他果然科考不顺，看到考试题目，眼前就会浮现出那口黑漆漆的棺材，最终名落孙山。另外一名秀才看到棺材的时候，竟然开心地想道："棺材是'官财'二字谐音，或许我这次科考不仅能够考中，还能当上官，发大

第四章 想法
转变思想当土豪，不懂变通做穷鬼

财。"于是情绪高涨，看到考试题目时也是文思泉涌，最后果然榜上有名。

两人返回家中后，都对家里人说道："路上看到那口棺材，真是太灵验了。"

同时看到一样的棺材，其中一个秀才联想到死亡，另外一个秀才却联想到做官发财，可想而知，消极的心态阻碍人的发展，积极的心态帮助人更好地发展。同理，运用积极心态思考问题的人更有可能发财致富，而运用消极心态思考问题的人不仅没有机会获得财富，还会逼迫自己走进死胡同，"瞎子点灯白费蜡"，最后徒劳无功。

其实，每个人都有成为富翁的机会，只不过那些没有成功和获得财富的人在消极的陷阱里耗费了太多的精力，结果财富离他们远去。所以说，持有积极态度的人，才能成功地开启财富之门。

有"世界巨富"之称的福勒据说出生于一个贫穷的黑人家庭。因为生活过于贫困，福勒年仅5岁的时候就不得不参加劳动。小福勒经常问自己的母亲："妈妈，为何我们家这么贫穷？"母亲温柔地回答道："事实上，我们并不是天生就应该贫穷，只是因为你的祖父与你的父亲一直都没有想要发家致富的念头。"

福勒在心底牢牢记住了母亲对自己说的这番话，就是因为这番话，他的人生开始改变。从那以后，他开始在心里种下念头想去学习经商，希望通过进行商业活动慢慢积攒财富，改变贫穷的现状。

一开始的时候，福勒每天都穿梭于大街小巷，上门推销肥皂，他一直坚持卖肥皂这项业务长达12年。直到有一天，他听闻肥皂生产公司将要以15万美元的价格转让，于是决定接手肥皂公司。但是，他这些年所有的积蓄才不过2.5万美元，想要购买肥皂公司，他还得另想他法。经过反复思考，他终于想到了一个办法，与对方达成一个协议：预先交2.5万美元的保证金，余款在10天内付清。若10天内不能付清余款，视其违约，保证金不予退还。

条件很苛刻，但福勒却胸有成竹。依靠他十多年经营肥皂而建立的信誉和人脉关系，福勒很快从朋友和信贷公司及投资集团的手中筹集了11.5万美元，但还差1万美元。距离约定时间只有1个晚上了。

当时，他已利用了所知道的一切贷款来源。他有点绝望了，真是"一分钱难倒英雄汉"，他甚至跪在幽暗的房间里祈求上帝借给他1万美元。但他知道这是做梦，他很快从悲观的情绪中摆脱出来，还有时间，他告诉自己一定要筹集到那1万美元。

紧接着，在那个足以改变他命运的黑夜里，他开车走遍61号大街的所有角落，最终，他发现一个承包商事务所还亮着灯。于是，他大胆地推门走了进去，最终说服那位承包商借给他2万美元。结果，就在太阳将要升起的时候，福勒拿着所有借到的余款交给了那家肥皂公司的负责人，成功地拥有了完全属于自己的一家公司。

从那以后，幸运女神开始眷顾福勒，他的生意越做越大，没过多久，他就成为坐拥四家化妆品公司、一家贸易公司、一家标签公司以及一家报馆的富翁。当记者问他有什么致富秘诀的时候，福勒就用母亲曾对他说的话说了一遍，并补充道："上帝不能决定一个人究竟是贫穷还是富有，一个人之所以贫穷，不过是因为他从来没想过成为富人而已。"

福勒因为拥有了积极思考的能力，所以他取得了巨大的成功。当初，福

第四章　想法
转变思想当土豪，不懂变通做穷鬼

勒如同大多数人一样没有家庭背景，也没有钱。可是，他有了做富人的想法后，就坚定不移地朝着这个目标前进。当然，人的一生不可能无时无刻都积极以待，只是要将偶尔的消极心理尽快化解掉，并且很快转变成积极心态，朝着目标继续出发。

创富是一个长期的过程，如果总是一看到问题就愁眉不展，不要说取得突破，首先就会被各种问题累死、怕死。但是，如果看到积极的一面，就会有源源不断的动力去解决问题，同时创造财富。一个人无论处于什么样的环境，只要有一个积极的心态，心中希望成为富人，便有希望变成富人。

🛍 脱贫致富经

每个人都具有积极与消极两种心态，关键在于我们想要用哪一种去对待生活。如果你选择正面朝向太阳，你就会看到一片光明；如果你选择背面朝向太阳，那么，你看到的只有阴暗的身影。

消极的人很难创造更多的财富，如果你希望获得更多的财富，那么就赶紧用积极的心态去生活吧。有人说："你想成为什么样的人，只要你坚持，你就能成为什么样的人。"如果你拥有积极的心态，并用阳光的态度去对待生活中可能发生的各种事情，那么，成功还会远吗？

穷人穷口袋，
富人富脑袋

破陈出新，想穷都难

总是把"按照老规矩办呗，准没错"这种话挂在嘴上的人为了避免出错，于是因循守旧，时间一长，就会跟不上时代的潮流，最终被社会淘汰，更谈不上成功和获取财富了。而那些经常说"我喜欢突破，破陈出新的背后是一片更加新奇的世界，我都迫不及待了"的人毫无疑问是时代的弄潮儿，他们勇于进取，不畏失败，这样的人总能被机会眷顾，更容易功成名就，聚揽财富。

这两种人的一个区别就在于，后者敢于破陈出新，前者习惯按部就班。生命因新奇而富有生命力，因突破障碍而活出自己。事实证明，只有破陈出新，走寻常人不敢走的路，才能取得寻常人取得不了的成功。

在一个小山村里，许多农民都会选择开山以补贴家用。大多数农民将自己开采的石头以低廉的价格卖给建材公司，而只有一个叫老王的农民却将自己开采的石头以较高的价格卖给花鸟商贩。老王之所以比前者更赚钱，主要是他看到了别人忽略的形状美好的石头。

后来，政府不允许农民开山了，村子里的农民开始大量栽种果树，而只有老王在自己的土地上种满柳树。因为他发现每当水果商来村子里收购水果的时候，因为水果太多，所以果农也卖不上什么好价钱，可是却唯独缺少盛装水果的柳筐。因此，老王又

第四章 想法
转变思想当土豪，不懂变通做穷鬼

赚到一笔钱。

几年后，这个山村里通了铁路，村里的大多数农民准备创建一个水果制品加工厂，老王却反常地在自家土地上用石块堆砌了一道墙壁。这道长达百米，高达3米的墙壁正面对着铁路，后背靠着柳树，两边是一片大梨园。每当火车从此经过的时候，车上的旅客在欣赏窗外盛开的梨花的同时，还能看清楚那堵墙上书写的"可口可乐"4个大字。这个广告墙称得上方圆500里唯一的广告，也是独具特色的一个广告路牌。据闻，老王仅仅凭借这个广告墙就赚到4万元人民币。

后来，日本丰田公司亚洲区代表山田信一留意到了这个与众不同的农民，深深地折服于他那天生的商业大脑，为了尽快招收这个不可多得的人才，山田信一决定亲自寻找他。当山田信一好不容易找到老王的时候，却看到老王正在自家的西装店门前和对面的西装店老板争执不休。过了一会儿，山田信一才听明白，原来这两家西装店在拼价格战。老王店里的一套西装定价800元，对面西装店里同样的西装却定价750元，老王又将西装的价格降到750元，对面西装店又降到700元。就这样，过了一个月，对面西装店卖出了800套西装，而老王的西装店才卖出去8套。山田信一感到极为失望，他在心里已经认定老王不过是个碰对运气的小商贩罢了。然而，当山田信一听说那两家西装店的老板都是老王一个人的时候，他震惊不已，高薪聘请老王担任丰田公司的高层管理人员。

成功者是与众不同的，他们从不规规矩矩，按部就班；这些人不愿做别人已经做过的事，往往喜欢自己创造与众不同的"新意"来取得成功。优秀的成功者都喜欢突破现状，敢于挑战自我，有一种不走寻常路的魄力。

穷人最大的本事就是能忍受贫困的煎熬，按部就班地活着。一成不变地不思进取是不受指责的，按照传统的思维方式一错再错也不会有人说什么，可你打算这一生就这样碌碌无为而又无聊地生活下去吗？如果你的答案是否定的，那么就请勇敢一点儿，突破自己、另辟蹊径、不断超越自我，相信最终你也会走上一条属于自己的成功致富路。

　　荣智健生活在一个非常富有的家庭，他的爷爷是民国时期资本家荣德生，他的父亲是"红色资本家"荣毅仁，可是，他没有凭借优越的家庭环境谋求一份舒心的职位，而是选择破陈出新。

　　1978年，香港还没有回到祖国的怀抱，就在这样的情况下，36岁的荣智健带着极为简单的行李与单程通行证，只身前往香港准备独自开创一番事业。实际上，当时的他凭借自己的家庭条件就能在当地谋求到非常不错的职位，可是，他拒绝过按部就班的生活，选择去了香港。当时中国刚刚开始实行改革开放政策，他成了最早下海经商的其中一个。

　　荣智健到香港打工，坚持不懈地奋斗了9年，他用积攒下来的钱全心经营一家名为"爱卡"的电子厂。1989年，该电子厂被美国某公司收购，荣智健转让自己的所有股权，从此赚得了人生的第一桶金——720万美元。之后，他拿出一部分在加州创办了美国第一家专营电脑辅助设计软件的公司，由于产品新颖、盈利丰厚，不到一年的时间，就被美国一个硬件厂商收购了28%的股份。又过了两年，公司成功上市，股价一路上涨，荣智健因此赚得盆满钵满。据说那个时候荣智健的总资产超过了4亿港元。

　　荣智健一系列的决策向我们展示出他敢于冒险、雷厉风行的一面，而且经过多年的摸爬滚打，他在实现自己梦想的同时，也延续了祖辈的商业帝国梦。

　　一般来说，富人都有着极为敏锐的嗅觉，荣智健就是个中高手之一。他因为对时代的变化反应灵敏，及时改变自己原有的生活状态，破陈出新，选择走一条与父辈完全不同的道路，创造出属于自己的精彩，而事实表明，他因为这次选择变得更加成功。

无数事实表明：只有独辟蹊径，走和别人不一样的道路，才会更接近于成功。

脱贫致富经

时代在发展，人们的生活理念也要随之发生一定的改变。想要成功并获取财富，就要勇于打破一成不变的现状，及时破陈出新，走出一条属于自己的成功之路。每当有人不愿意改变现状的时候，就会用"枪打出头鸟"这样的借口为自己开脱，所以这种人注定只能是穷人。只有敢于打破生活的桎梏，才能脱贫致富。

穷人穷口袋,
富人富脑袋

敢于做第一个吃螃蟹的人

孙中山说:"世界潮流,浩浩荡荡,顺之则昌,逆之则亡。"先知先觉者引导潮流,掌控财富;后知后觉者追随潮流,紧随财富;不知不觉者被潮流淘汰,只能望财富而兴叹。

有这样一个实验:有一个科学家将一堆毛毛虫首尾相接,在花盆上围成一个圈,并在圈外放了一些食物。于是,毛毛虫就一只跟着一只向前爬动,始终保持着圈的形状,一直爬了两天,最后精疲力竭,相继饿死。竟然没有一只毛毛虫注意到圈外的食物。

在嘲笑毛毛虫的同时,我们也应注意到,很多人的一天都是这样度过的:每天在同一个时间起床,在同样的地方吃早餐,赶同一班车,用同样的方法做同样的工作,甚至犯同样的错误……如此一天一天,一年一年,从父母的孩子,变成了孩子的父母,没有感到丝毫不妥。

在他们的意识中,按照"惯例""经验""习惯"生活和工作,才能满足他们的安全感。然而,正是这些条条框框禁锢了他们的思维,影响了他们的行动,使他们屡屡与财富失之交臂。

世界上万事万物都是处于不断变化中的,没有任何事物是一成不变的。如果总是用同样的眼光看待同一事物,思维僵化,墨守成规,跟不上时代的

第四章　想法
转变思想当土豪，不懂变通做穷鬼

脚步，最后受损失的只能是自己。

以前，ST股票一直是股市中的宠儿，很多人都在它身上赚了大钱。但是，随着新的退市制度的出台，新的炒作理念的变化，很多墨守成规、抱着ST不放手的股民，甚至在ST退市的前一天，仍大批地买进，最后只能是血本无归。还有的人，一直抱着"长线是金"的思想，以为还像以前一样，抱着一只股票，几年不抛，最终也能变成"小庄家"，稳进十几倍的利润，还自诩为"与庄共舞"。然而，操作思路一旦改变，从以前长期持有坐庄，变为波段操作，那些没有调整自己炒股思路的股民，都受到了很大的损失。

人生如同炒股，必须懂得顺势而为和"该出手时就出手"。不断学习，勇于尝试，及时转换理念，只有这样，才能进步，才能成功。

小镇上有两家酒家，一家叫王记，一家叫李记。王记的老板做生意很有一套，他家的饭菜不贵，还好吃，服务员待人也热情，生意一天天红火。刚开始，李记还勉强撑着，时间一长，客人少，房租、人员工资等开销大，李记撑不住，倒闭了。李记的老板也因此离开了小镇。

后来，镇上虽然陆陆续续开了很多酒店，但是，没有一家能战胜王记，走马灯似的一家家地败下阵来。镇上最大的酒店，还是王记。

多年以后，镇上突然来了一个商人，实力雄厚，说要在小镇上投资办企业，连县里的领导都亲自接见。这个商人就是以前与王记唱对台戏的李记的老板。

这些年，王记老板满足于王记带给他的"第一桶金"，没有尝试扩大店面，也没有开分店，更没想过开拓更大的发展空间。而李记老板离开小镇后，改行从事其他生意收获了"第一桶金"。后来他考察了多种致富项目，并且迅速地将有限的资本投到另一个新兴行业中，终于成了大富翁。

王记老板与李记老板原本处于同一起点上，王记老板的起点可能还更高一点儿。如果他能够开拓思路，顺应潮流，求新求变，他的财富完全可能超过李记老板。可是，他因循守旧，墨守成规，未能取得更大的发展。

其实，不仅经商如此，其他事业也是如此。

出国前，何一是国内某高等音乐学校的高材生。为了实现梦想，他决定远赴美国。然而，由于国外消费高，何一不得不打工赚取学费和生活费。有着音乐才华的他，只好拿着小提琴像流浪者一样在路边卖艺。幸好，他找到了一条繁华的商业街，赚了不少钱。然后，他用这些钱去进修，努力实现自己的梦想。与他在同一个地方卖艺的，还有一个黑人。那个黑人萨克斯吹得很棒，常常数着手里的钞票，高兴地对何一说，我们找到了一个多么赚钱的地方啊！

如此，又过了两年，何一学成，打算回国。一天，他在路过以前卖艺的商业街时，意外地遇到了以前一同卖艺的黑人。黑人认出了他，问他现在在哪里赚钱。何一说了一个很有名的音乐厅的名字。黑人替他高兴地说，那个音乐厅的门口，也是一个赚钱的好地方啊！其实，此时的何一，在音乐上已颇有建树，是受邀请到音乐厅里进行音乐演奏的。

姑且不说何一是否接受过专业训练，如果黑人也能跳出他眼前的方寸天

第四章 想法
转变思想当土豪，不懂变通做穷鬼

地，他的人生是否可以更广阔？

懂得质疑自己的因循守旧固然重要，找准方向并勇于实践，更为关键。

脱贫致富经

这个世界瞬息万变，每分每秒都在发生着变化。富人会把变化当机会，顺应时势，勇敢地接受变化，适应变化。正所谓"条条大路通罗马"，除了别人已经开辟好的路，富人会想到另辟蹊径，开创出一条属于自己的路来。

穷与富的差距，有时候也只在每天的些许不同上。人们可以尝试如下改变：

1. 早一点儿起床。
2. 坐另一条路线的公交车上班。
3. 换一家餐厅。
4. 改变发型和衣着。
5. 用两种以上的方法处理问题。
6. 熟悉本职工作以外的一项工作。
7. 掌握至少两种以上的谋生手段。
8. 接触更多的人，结交不同类型的朋友。
9. 多读书，抽时间进修。
10. 去旅游，寻找新的机会。

低调做人是成功者的训条

有的人喜欢愣出头,不懂低调,有一点点才华或成绩就想表现自己,这样的人最后往往事与愿违。而有的人懂得避锋芒,行事低调,以免树大招风,沦为他人攻击的目标。倘若你没有在公众面前彰显自己,自然也就无法引起他人的敌意,如此一来,你的虚实才不会被他人一眼看穿。

年轻人大多意气风发、锋芒毕露,他们怀着一腔热血和抱负,时刻想展示自己的才华,表露自己的能力,但往往不但得不到别人的认可和支持,反而很容易遭到排挤。他们也会感觉困惑:我已经很努力地做到最好了,为什么还是得不到承认?其实,原因并不是你表现得不够好,而是表现得太好了。仔细想想看,你出尽了风头,抢了所有人的目光,把人人都讨厌的挫败感留给了别人,让别人感觉到了威胁,那么招来的肯定是嫉恨和刁难。

当然,有才干有能力是没错的,这也是你的优势,但不能因此就过于张扬,毕竟谁也不喜欢忘乎所以、盛气凌人的人。锋芒毕露永远是为人处世的大忌,正所谓"枪打出头鸟,刀砍地头蛇",因此,不管在什么场合,都必须牢记"持盈履满,君子兢兢"的训诫,防止盛极而衰的灾祸。

小曾是一位图书情报专业的硕士研究生,毕业后被分配到北京的一家研究所,主要负责标准化文献的分类编目工作。他自以

第四章 想法
转变思想当土豪，不懂变通做穷鬼

为自己的专业与学历比研究所里的其他人更占优势，于是，刚刚上班没几天，他就对领导的工作风格与单位的工作安排等提出许多自以为是的意见。

领导对他说："小曾不愧是这个专业的高材生，的确有能力有才干。"同事们也都表示认同。但是，他却不懂得收敛自己的锋芒，反而引起众人的仇视心理，同事们在背后都会议论他是个狂妄自大、精神不正常的人，就连领导也在心里嫉恨他。也因此，他来到研究所工作了一年有余，领导也没有给他安排什么具体的工作，不过是辅佐他人做些事情。

不得志的小曾非常郁闷，后来，一位老同事感觉他这样有点可惜，就悄悄对他说："小曾啊，我当初也同你一样，心高气傲、锋芒毕露，得罪了领导，所以在这个单位一直待到现在也得不到重用。如果你想有好的发展，还是换个单位吧。继续待在这里的话，很难有出头之日。"开始，小曾并没有把这话放在心上，行事作风还是像以前一样不变。可是，一段时间后，他发现单位几乎所有人好像都在有意无意地为难他，即使是正常的工作，也没有人好好配合他，他实在是干不下去，只好辞职了。小曾临走之前，领导还拍着他的肩说："说实话，我是真不想让你走，本来还打算让你做我的接班人呢！可惜了。"

"可惜了。"小曾脑子里一直回荡着这三个字，苦笑着离去了。

小曾的经历很多年轻人都曾有过，他们失败的原因就是锋芒太盛，不懂得低调。其实，低调绝不意味着卑微，而是一种"以低求高"的强者韬略。

置身于社会，为实现自己的理想而努力，就必然要在利益相关的问题上与他人竞争。但并不是所有的人都清楚争什么、怎么争。如果一个人不知道为什么而"争"，那么就会变得斤斤计较、锋芒毕露，最终失去更多可能的机会；知道为什么而"争"的人，往往懂得抓大放小，最终也能名利双收。

意大利著名企业家卡尔罗·德贝内德蒂曾一手创立奥利维蒂公司。当时的微型电脑在市场上盛行，他还专门成立了一个研究中心，投入许多人力与财力，只为搭上这一潮流的末班车，专门研制家庭及办公用的微型电脑。可是，当他好不容易将要研制成功的时候，美国IBM公司生产的兼容式微型机已经提前一步抢先上市，并以光速在全世界范围内畅销。

在高科技领域，失去先机便意味着失去市场，这对德贝内德蒂无疑是一个致命的打击。

继续推出公司的新电脑已失去意义，要放弃即将完成的成果却是痛苦的。因为这意味着此前付出的巨额研制费都将付之东流。况且，要说服那些为此耗尽心血的研究人员也非常困难。

德贝内德蒂尽管感到头疼不已，也不得不放弃快要完成的研究项目。与此同时，他又组建了一班人马，主要是参照IBM电脑，在它的基础上再研发一种有着类似性能，但是有着更低廉价格的兼容机，最终也获得了巨大成功。

当这款新产品研制成功并推向市场后，大受消费者欢迎。奥利维蒂公司也由此成为一家国际化的知名企业，德贝内德蒂本人还多次作为封面人物登上美国的《时代》杂志等刊物。

总之，要想从一个一文不名的穷小子变得成功又富有，绝不可遇事强出头，不该自己管的事也要强管，明知不可为而为之，而是要学会采取灵活变通之策，避开对方的锋芒，有希望获胜时就及时抓住机会，时机不利时就理智地从不可能打赢的战场上撤退。

第四章 想法
转变思想当土豪,不懂变通做穷鬼

脱贫致富经

水满则溢,月圆则亏。"避其锋芒"在大多数时候会被人冠以"屈服""软弱",甚至是"投降"这样的字眼,然而,"避其锋芒"实际上却是一种极为实用与变通的智慧,是能够化险为夷,深谋远虑的战略。因此,真正的富人知道在无关紧要的问题上躲避锋芒。毕竟,抒发意气,一时间你会感到得意,可是,一段时间后,你就会意识到这样做的危害有多大!

做人有心机，防人不害人

生活中，胸无城府的人藏不住半点秘密，有一点点的哀怨或喜乐就想找个人谈谈，甚至不分时间、地点、对象，见到自己觉得投机的人就把心里的那点事一股脑往外倒，恨不得全世界都知道，这样的人往往得不到重用，从而没有施展的机会。而那些懂心机，说话做事分场合、看对象的人，能够更加容易地实现自己的目标。

其实，诚实是一种美好的品德，一个人诚实也没有错，但诚实也是有度的，做人太过诚实，没有丝毫戒备之心，吃亏这种事也往往会找上你。生活在这个复杂的社会，你尽可以按照自己的本心诚实下去，但同时要留个心眼，防止其他心怀不轨的人的欺诈。所以说，做人做事的原则就是：我们应该诚实做人，但要提防被别人当傻瓜耍；我们也可以对人坦诚相待，但不要让别人误认为幼稚。总之，除了诚实，内心还要藏点"心机"。

很久以前，在一个池塘边住着一只蝎子和一只青蛙。有一天，蝎子想去池塘对面找食物，但是苦于不会游泳，它就向会游泳的青蛙求救，央求道："青蛙先生，我想到池塘对面去找食物，劳驾您驮我过去行吗？"

青蛙十分干脆地回答："当然可以！只是，在现在的情况下，我必须拒绝，因为你可能会在我游泳的时候蜇我。"

蝎子急着反问道："我怎么可能会这样做呢？更何况，你死

第四章 想法
转变思想当土豪，不懂变通做穷鬼

了我也就掉进水里淹死了。这对我一点儿好处都没有。"

青蛙知道蝎子是多么狠毒，但是又觉得它的话有道理，于是接受了蝎子的请求，载它过池塘。可是，它们刚游到池塘中央，蝎子突然弯起尾巴蜇了青蛙一下。伤口立刻开始流血，青蛙疼痛难忍，大喊道："你为什么这样做呢？我死了你也会掉进水里淹死的，这对你没有一点儿好处。"

蝎子狠毒地说道："我知道。但我是蝎子啊，我的天性就是如此。"说完，青蛙和蝎子一同沉入了水底。

俗话说："江山易改，本性难移。"心性毒辣的小人往往如此，在一些交际场合，表面上看起来大家都在谈笑风生，可在暗地里却有着很多不动声色的较量。正所谓"害人之心不可有，防人之心不可无"。如果你做人做事没一点儿心机，到时候吃亏上当了，不要埋怨别人太卑鄙，只能怨自己做人太单纯。

在《世说新语》中，有这样一则故事：

三国时，曹操命人给他建一座花园，建成后曹操亲自去查看，部下问他对新建的花园是否满意，他什么也没说，只是在门上写下一个"活"字就离去了。在众人都疑惑的时候，自觉聪明过人的杨修认为自己领略了其中的真意："'门'内添一'活'字，乃'阔'字也，丞相嫌园门阔耳。"于是，工匠们便按照这个意思把门改小了。这次的修改令曹操非常高兴，便问是谁想到他的意图的，下人皆答杨修。曹操是一个疑心很重的人，表面上夸赞杨修，可是心里却是十分嫉妒。所以，杨修虽然有些智谋，但是并未得到曹操的重用。

还有一次，有人给曹操献上一杯酪，曹操吃了一点儿，也是什么都没说，只是在上面写了一个"合"字给在场的众人看，在大家都疑惑的时候，杨修反而走上去吃了一口，说："主公只是想让我们每人吃一口，这没什么可怀疑的。"曹操虽然当时没有对杨修怎么样，可是已经产生了除掉杨修的想法，因为这个人随时都能猜透自己的心思。

后来在一次行军战斗中，曹操大军被蜀军包围，困在山谷，进退两难，便"有感于怀"，以"鸡肋"为口令。杨修又猜透了曹操的心思，于是自己做主，命随行军士打道回府。将军夏侯惇见此大吃一惊，问杨修原因。他说："以今夜号令，便知魏王不日将退兵归也——鸡肋者，食之无味，弃之可惜。今进不能胜，退恐人笑，在此无益，不如早归……"不料，杨修这次的恃才放旷，让曹操以扰乱军心的罪名，把他杀了。

毋庸置疑，杨修是一个绝顶聪明的人，但就是为人太过单纯，没有一点儿心机。面对一个内心狡诈、疑心病很重的枭雄，他不懂藏拙，又怎能在阴险的曹操面前保全性命呢？西方有句谚语说：尽管星星都有光明，却不敢比太阳更亮。在社会中保全自己的原则就是：做人要有"心机"，不能太单纯。

有些人总是不依据自己的实力说话，不懂得心机，把话说得太绝对，往往会把自己逼到死胡同。

某科技公司新研发了一个科技项目，经理将这个任务交给了下属韩通，问他："项目能不能按时完成？"韩通拍着胸脯打包票说："放心吧，保证完成任务！3天之后见结果。"过了三天，韩通这边却没有任何动静。经理只得亲自去找他，问他项目进展如何了，他这才老实说："项目确实有些困难。"虽然经理答应再给他一些时间，但是已经开始厌烦他这种信誓旦旦的口号。

第四章　想法
转变思想当土豪，不懂变通做穷鬼

韩通把话说得太绝对，事先跟人家拍着胸脯说好的事情，最后又没有完成，人家不可避免地会对你有不好的看法，下次不会再放心地把事情交给你了，就断了自己的财路。

> **脱贫致富经**
>
> 　　社会就像一个大江湖，所以说话办事要看场合、分对象，在特定的场合，什么话该说什么话不该说，对你日后的发展前途有很大的影响。说话不当，让别人对你失去信任，就别想着下次有发财的机会别人还会叫上你。记住：凡事都得"看着点儿"，做一个有心机的人，才能尽快步入富人的行列。

第五章 目　光

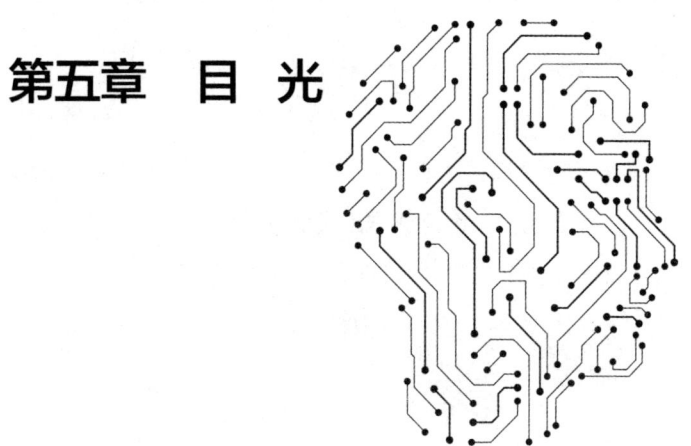

富人抓大势，穷人盯小利

在我们身边，有很多富人，他们并不一定比你会做事，但是却有着和你不一样的独到眼光。在很多情况下，不少人之所以成为最后的强者，原因就在于他们总是比普通人看得多一点儿，想得远一点儿，与众不同的眼光成就了他们的财富之路。

穷人穷口袋，
富人富脑袋

眼界决定境界，思路决定出路

金子通常埋在土里，同理，商机大多隐藏在身边，有想法的人，无论生存在什么地方，都能够进出发财的好点子，以睿智的行动将想法转化为财富。富人往往能先发现这种商机，从而拥抱财富。

一个人要想致富，应该重视长远的发展、长远的利益，只有这样才会有长久的财富。

埃伦先生在一次坐火车的时候，觉得旅途漫长而无聊，于是想买一本书消遣打发时间。但是，当时的伦敦只有包装精美的羊皮封面书，这些书价格昂贵，用来解闷，实在是一种奢侈。无奈之下，埃伦先生只能跟大多数的旅客一样，问完书价，就此作罢了。就在他转身离去的时刻，一位不满书价的旅客嘟哝道："我就是想看看书的内容而已，包上那么贵重的羊皮对我有什么用呢？"

正是这句"说者无心、听者有意"的话，让埃伦先生意识到：自己可以不做这种价格昂贵的羊皮封面书籍，而做简单封面的书籍来销售，这样的话，大家就能够便宜地买到想看的书，不用担心价格的问题了。人人都能买得起自己想看的书，自己还能从中获利，何乐而不为呢？

于是，埃伦回到家后，就投入了自己仅有的100英镑，开始实

第五章　目光
富人抓大势，穷人盯小利

施做平装书的计划。尽管在这个过程中，他遭受了不少的讥讽和谩骂，但他始终没有放弃自己的目标——做自己的平装书。没过多久，他制作的第一本平装书终于出版面世了，简易的封面，但内容依然是高质量的。一时间，平装书的出现受到了许多出版社的青睐。埃伦的目标终于达成了，读者只需花费原来羊皮精装书四分之一的价格就能够买到内容一样的书籍，这样的书籍很快被读者接受，平装书的销售市场也越来越大。

　　有了十足的底气后，埃伦又开始着手设计自己的书籍商标。起初，他画了一只海豚，因为觉得不像，于是接受秘书的意见换成了企鹅。所以，可爱的企鹅最终成为了埃伦平装书的标志。1935年，"企鹅"商标的书籍开始流行于市场，而以"企鹅"命名的图书公司也在伦敦正式成立了，企鹅出版社成为西方出版界平装书的始祖。

　　埃伦的成功正是因为他眼界高。他的眼界决定了他的成功，从一个问题里发现契机，并利用这一契机完成自己的构想，企鹅出版社的成功值得所有想致富的穷人学习。

　　只要你不断积累社会经验，增加人生经历，就一定会有做大事的魄力，因为越是经历大风大浪的人，眼界就越开阔，看待问题就越清楚。

　　实际上，富人并不是天生就是的，都是通过打拼、努力以及长时间的坚持才慢慢积攒足够的财富变成富人。大多数时候，也许你所看到的富人在过去很可能一名不文。他们之所以创造出辉煌的今天，那是因为他们具备长远的目光。

　　　　小李、小张以及小孙这三个年轻人一起结伴外出寻找发财的机会。当他们行走到一个十分偏远的山村时，他们突然品尝到了几棵苹果树上又红又大、甜美可口的苹果。然而，如此优质的苹果却在当地以极低的价钱销售。

小李看着这些苹果，禁不住欣喜若狂，他拿出自己所有的积蓄购买了一万斤这样的苹果运回家乡，之后，他以几倍于进价的价钱出售苹果，后来，他又往返了多次进行苹果贩卖，最终成了家乡第一个万元户。

小张看着这些苹果的时候，想了一会儿，决定拿出自己一半的积蓄购买该山村最好的100棵苹果树，并将之移植在自己的家乡。之后他专门承包了一片山坡，用了长达3年的时间用心地养护这些苹果树。

小孙看着这些香脆可口的苹果，连续几天都围绕苹果园东张西望。最后，他与该果园的主人取得了联系，声称自己要购买苹果树下的泥土。

苹果园的主人愣了一下，连连摆手道："不行，如果我把泥土卖给你，苹果树不是种不活了！"

紧接着，小孙弯下腰捧起地上的泥土，淡淡地说道："我只是需要这一捧泥土，请你卖给我可以吗？"

苹果园的主人这才勉强收下他一块钱作为那捧泥土的报酬。就这样，小孙携带这捧泥土返回了自己的家乡，随后，他专门找到有关专家去化验，仔细分析出泥土中的各种成分及湿度等。之后，小孙也和小张一样花钱承包了一片荒芜的山坡，他花费大概3年的时间，开垦并培育出与那个山村里苹果园一模一样的土壤。然后，他开始在这片土地上种植苹果树。

10年过去后，他们3个人的命运竟然完全不同。

购买苹果的小李仍然像从前一样从山村里购买苹果运回来贩卖，只是，他赚到的钱却一年不如一年，有时甚至面临赔钱的境遇。

购买树苗的小张也已经拥有了属于自己的苹果园，可是，因为土壤有变化，结出来的苹果味道比不上那个山村里的苹果味道，不过，他还是赚到相当不错的利润。

只有用一块钱购买一捧泥土的小孙，才是最终拥有并收获苹果的人。由他栽培的苹果品种优良，总是吸引许多的水果商贩争相购买，他获得的利益也是最大的。

实际上，这3个年轻人都很聪明，只是，因为眼光不一样，选择的赚钱方式也不一样，最终的结果更是千差万别。不过，还是验证了一个道理：人穷志短，人富眼高。只有眼光放得长远的人，才能收获更多、更长期的利益。

脱贫致富经

各行各业，赚钱的道理都一样，就是你得有高眼光，不能跟在别人屁股后边乱转，别人干什么你干什么，那样的话你干什么都白搭。要想取得成功，你必须眼光独到，看得比普通人远，想得比普通人多。假如你想做点事，要么就做新市场第一个吃螃蟹的人，要么就做旧市场的扫尾者，反正，在已经有行业老大的行业里很难脱颖而出，一是竞争太激烈，二是市场发展空间比较小。所以，要眼光高远，要么选择开发新产品，要么选择旧产品的新技术。

穷人穷口袋，
富人富脑袋

目光长远，一定会迎来辉煌的明天

　　高瞻远瞩能引领富人走向成功，能清晰把握市场发展，他们清醒而睿智，能在社会上混得风生水起，而鼠目寸光的人却看不到商机，把握不住财富。

　　当改革开放刚刚开始的时候，人们依靠摆地摊就能赚到一笔小财，然而，许多人却放不下颜面去做；到了20世纪90年代的时候，人们能够通过购买股票赚到许多钱财，然而，大多数人却没有勇气去尝试；到了21世纪的时候，人们通过开办网店也能赚钱，可是，大多数人却不愿去尝试……富人因为高瞻远瞩，所以他们总是能够在机遇刚刚出现的时候就及时抓住，然后引领潮流，成为命运的掌舵者，逐渐走向成功。

　　奇正旅游传媒有限公司是拥有多达180个国家级风景区户外LED联播网的传媒机构。奇正的董事长陈艳媚说，想要把生意做大，就必须设置让别人难以复制的门槛，要有与众不同的眼光，如果事情太容易被复制，很快就会失去它的商业价值。

　　当陈艳媚第一次接触分众广告的时候，她就考虑长远，心想：除了商业楼，还有什么渠道可以让广告更加瞩目呢？想法在脑子里一条条闪过，又一条条被否定。考虑长远的陈艳媚是在想一条与众不同，别人难以复制的门槛，可以让自己的市场占据永久性的优势。一向喜爱旅游的她突然想到旅游景区这个

第五章 目光
富人抓大势，穷人盯小利

传播渠道。

她分析，大陆旅游景区不但门票高，而且交通食宿费用占到很大比例，因此一般是中高收入的人群才能消费得起，受众特征非常明显。但中国地域广阔，旅游景区相对分散，还涉及不同地区的管理，所以这个领域的生意不好做，做起来也会很辛苦。但是，从另一方面讲，这个还未被开发过的领域，不就是一个别人难以复制的门槛吗？于是，陈艳媚看准这块领域后，决心要做旅游传媒的"第一人"。

2004年，建设部为了更好地对外宣传，提出将要建设数字化景区的构想。陈艳媚认为这对于自己来说是个千载难逢的契机，于是，她果断抓住机会，在网上创设了奇正旅游传媒。从那以后，她在全国各地到处奔波，到处寻找有关部门进行协调磋商希望获得他们的许可。最终，凭借她顽强的意志力，位于南京中山陵风景区的首片屏幕在2006年的5月1日被点亮，陈艳媚终于体会到由衷的喜悦。

正是因为陈艳媚具备高瞻远瞩的目光，所以她才能获得如此大的成功。

用前瞻性眼光去拓展一切可能成功的领域的人，比别人有更多的机会让自己获得巨大成功。

当今社会发展迅猛，信息技术也是瞬息万变，人们能够通过更多的途径从穷人变成富人，可是，只有具备前瞻性的人，才更会受到幸运女神的青睐。

山脚下有个村子，受地理环境的影响，无法打水井，于是徐风和陈真这两个年轻力壮的小伙子每天从山顶挑泉水到这个村里去卖，当时，一桶水能赚一块钱，他们二人每人每天最多能挑20桶水。

有一天，徐风说："我们每天从山上挑水到村里去卖，现在我们年轻，还挑得动，可是这毕竟不是长远之计，等将来我们年纪大了，挑不动水了，该怎么办呢？不如我们现在收集竹竿，做一条接通山顶到山脚的通水管道，等通水管道修好了，我们就不用像现在这样来回爬山受累了。"

陈真听了，思考片刻之后，说："可是，得什么时候才能收集到这么多的竹竿呀？况且收集竹竿的时候，就不能每天挑水赚钱了。再说，就算是买竹竿，不也得花钱嘛，不挑水卖钱，我们又哪儿来这么多钱？"陈真拒绝了徐风的建议，依旧每天爬山挑水到村里去卖。徐风自从有了这个想法，开始一边挑水卖一边寻找合适的做通水管道的竹竿。

几年之后，陈真一如既往地爬山挑水卖，只不过此时的他再也挑不了20桶水了；而徐风收集到足够多的竹竿，在朋友的帮助下，成功安装好了通水管道，每天只要一拧开山脚的水阀，就能轻轻松松地赚到钱。时间一长，徐风成为当地有名的富翁。

鼠目寸光的人缺乏高瞻远瞩的眼光，太过于在意眼前的蝇头小利，每天奔波劳累，总是感到生活庸庸碌碌，空虚迷茫；而一个具备独到智慧的人，具备前瞻性的眼光和魄力，敢于挑战未知的困难，不在乎一时得失，所以最终能够获得成功。

第五章 目光
富人抓大势，穷人盯小利

脱贫致富经

在现实生活中，如何才能具备高瞻远瞩的思维意识呢？就需要记住以下三个要点：

1. 经常思考过去、现在和未来。换句话说，就是常常思考自己的昨天、今天和明天。尤其对自己未来的生活环境或格局有一个大概的目标。

在这里需要指出的是，思考过去，并不是要你沉浸于过去的成就中无法自拔，而是总结过去失败的教训，从过去的经验中提取出对自己现在及未来有用的因素。

2. 平时要善于总结。就是指善于对生活中的有关常识做出规律性的总结。

3. 要多些预测并善于总结、修正。正所谓"熟读唐诗三百首，不会作诗也会吟"。日常生活中，不妨多做些预测，不管预测的结果是否正确，只要养成这个习惯，总有一天，你会比别人更早、更快地找到通往成功的路。

瞄准大势，把握时机，才能名利双收

有些人总看结果做事，往往在做一些小事的时候喜欢走别人走过的老路。而有些人总是能够对事情发展的趋势有一个大致的了解，发现一般人发现不了的商机，遇事能够承担风险，敢于引领潮流，最终积累财富。

美国有一个名叫基姆·瑞德的人，他就是因为把握住了别人没有发现的商机才发家致富的。

基姆·瑞德年轻的时候一直在做海洋沉船的寻宝工作。突然有一天，他的命运因为一只高尔夫球发生了改变。那一天，他站在高尔夫球场外，看到一个正在打高尔夫的人因为动作有误而将球打落湖中。他灵机一动，仿佛看到一个前景很好的商机。

他快速换上潜水服后拿着自己的打捞工具潜进了湖水里。果然不出所料，他从湖中打捞了许许多多的高尔夫球，应该都是打球的人不小心打落湖中的。

游到岸上后，他很快找到高尔夫球场的负责人，说他愿意打捞高尔夫球，不过，每打捞一只，负责人需要付给他10美分。高尔夫球场的负责人思考了一会儿，认为这样一来，远远比重新购买新的高尔夫球有利得多，于是同意了。接下来，基姆在一天之中，就打捞了2000多只高尔夫球，收获的报酬几乎比得上他工作一个星期的薪水。

第五章 目光
富人抓大势，穷人盯小利

基姆认为这是个不错的赚钱机会，于是他索性辞去自己原来的工作，将自己每天打捞出来的高尔夫球清洗干净后再喷漆，以很便宜的价格卖给高尔夫球场负责人。

然而，没过多久，就出现了许许多多效仿基姆打捞高尔夫球的潜水员。认准市场前景的基姆开始转变原有的思维，做起了专门回收旧高尔夫球的生意。从那以后，他不再下水捞球，而是用比较低廉的收购价格回收旧的高尔夫球。时至今日，据说他创办的旧高尔夫球回收公司每年都能盈利800多万美元。

在大多数人看来，高尔夫球落水是再寻常不过的事情，根本没有人会去注意这些，可是，善于看"大势"的基姆就从中看到赚钱的机会，当有人效仿他的赚钱模式后，他又能把不利于自己的竞争环境化为更有利于自己的资源，从而创造更多的财富。

现在，社会竞争愈加激烈，只有瞄准"大势"，善于把握时机，及时调整做事策略的人，才能顺势而为，成为时代的佼佼者。反之，不懂得大势所趋，为鸡毛蒜皮的无谓小事耗费精力和时间的人，注定一事无成。

有一位游客在张家界旅游时，看到一个在山路边休息的小伙子。小伙子衣着破烂，汗流浃背，身旁放着一个竹篓，里面是满满的碎石块。游客累了，坐下来与小伙子攀谈了起来。谈话中，游客得知，小伙子从山脚下需要攀登1600多个台阶才能把石头背到山顶上的工地。他背一篓赚4元钱，每天可以背4篓。游客不禁想到了七星阁上的两个土家族阿妹，她们身着民族服装陪游客照相，每照一张10元钱，最好的时候每天可以收入1000元左右。在对小伙子提起后，小伙子接过话头憨憨地说："阿妹做的，我做不到，我不背石头，就没钱赚了。"

小伙子一天累死累活也赚不到几个钱，而土家族阿妹每天可

以日进千元。同样是靠自己的能力赚钱,小伙子和土家族阿妹的境遇犹如天壤之别。当然,上面的故事尚未完结。在游客的指导下,小伙子用一年背石头攒下的钱置办了一辆脚踏车载客,然后雇人骑车载客,逐渐扩大规模,成立了一家运输公司。而陪人照相的土家族阿妹,又在景点开办了富有民族特色的小店,然后还开了一家网店,生意也是越做越大。

在游客的指点下,小伙子不再做天天累死累活地往山顶背石头的小事,土家族阿妹也不要等到韶华失去就没了赚钱的资本,看准大势,把握机会,就能享受成功的喜悦。

脱贫致富经

如何把握商业趋势,如何看趋势做事呢?

1. 不要过于计较眼前的一时得失,而要具备高瞻远瞩的目光。

2. 不随波逐流。加强自己的专业能力,看准时代的发展变化,一旦看到机会,就要及时抓住。

3. 放长线,钓大鱼。做任何事都应该提前制订一个可实施的计划,如此一来,才能保障自己朝着好的方向发展。

第五章 目光
富人抓大势，穷人盯小利

一定要懂得规划自己的生活

没有明确的目标，总是随波逐流和走到哪儿算哪儿的人，注定一生碌碌无为；而善于思考，具有很强规划意识的人，他们知道自己要的是什么，并能从长远的角度来经营自己的人生。

有这样一则寓言故事，很简单，却很好地说明了这两种人不同的一生。

古时候，有三个穷人，每人都有一只母鸡，每只母鸡每天都能下一个鸡蛋。

第一个人总是将母鸡下的蛋很快吃掉，所以，他的生活还是如同之前一样十分贫穷。

第二个人每天吃蛋还觉得不过瘾，想吃肉，于是就狠心把母鸡也杀掉吃了，于是他比以前更穷。

第三个人早就想好了怎么利用这只会下蛋的母鸡。首先，他把每个鸡蛋都用心地收集起来，每过一个月就把30个鸡蛋拿去卖，用卖鸡蛋的钱买回10只小鸡。渐渐地，小鸡长大了，除了4只公鸡外，其余6只母鸡也每天都能下一个蛋，他依然按照之前的方式继续卖鸡蛋、买小鸡……没过几年，他不仅拥有了属于自己的养鸡场，随着鸡蛋市场的需求量不断增大，鸡蛋的价格不断上涨，他也从中大赚了一笔，从此脱贫致富。

像寓言中的前两个人一样，很多人之所以很难走出贫穷的泥淖，主要原因就在于他们不懂规划，第三个人懂得规划，所以他的生活井井有条，最后终于摆脱了穷困的处境。现实生活中，像前两个人一样生活的人随处可见，比如"月光族"、白领工资的"白领"……他们不懂规划，所以银行账户也不会规划出钱来。另一些人懂得规划自己的人生，最后收获了成功的喜悦。下面故事里的大明和李扬可以说是这两类人的典型。

　　大明和李扬是同班同学，大学毕业后，有企业到学校招聘，他们一起应聘到了同一家单位。大明的性格比较活泼，到了单位后很快就和同事们打成一片，下班后也经常和朋友去泡吧、蹦迪，日子过得很自在。相比之下，李扬的生活就显得单调了很多，工作之后他又报考了在职研究生，每天下班之后就早早回到家里看书、学习。大明曾经问他："反正都找到工作了，收入也不错，保住饭碗就行了，为什么还要这么拼命？"李扬只是笑了笑，没有回答。其实李扬的心里有一个长远的计划，拿到研究生学历之后换一份收入更高更稳定的工作，哪怕从最普通的员工做起，然后一步步晋升，在30岁之前解决房子、车子的问题，35岁之前进入中产阶层。几年之后，李扬早已跳槽到更好的单位，收入是之前的好几倍，他的目标也一个个实现了。而大明却因为业绩不好被原来的单位解聘了，之后他又找过好几份工作，但都做不了多长时间，收入得不到保障，生活没有任何起色。

由穷到富不是遥不可及的事，要想实现命运的转变，就要做好规划，尤其是在取得一定成绩的时候能够控制自己不被暂时的喜悦冲昏了头脑，直到获得较大的成功。

只有懂得规划生活，学会理财，才能让你手中的钱越来越多，源源不断。看看你身边的那些富人，即便当初他们白手起家，因为懂得规划和理

第五章 目光
富人抓大势，穷人盯小利

财，所以经过努力，最后都成为拥抱财富的人。

老刘并不老，但人们已经习惯叫他"老刘"，这不仅因为出生在1982年的他看上去比实际年龄大一些，最重要的是，相比于其他80后，他的思想显得尤为成熟，谈吐之间常有闪光之处，朋友们经常调侃他："话里都冒金星。"

老刘家境不太好，虽然有个城市户口，但父母早些年都先后下岗了，下岗后父亲借钱买了辆出租车拉活，母亲则在街道上摆了个水果摊，每天辛辛苦苦也挣不到多少钱。

毕业后，老刘应聘到公交公司做了调度员，工资不高不低，每月除了他自己的开销还能有一部分结余。但老刘并不满足，他决定改变，如果只靠着这点"死工资"，只能走一步算一步，并不能改善家庭状况。在公交公司工作时，老刘发现城市里的各种机动车辆越来越多，相应地，故障车辆也越来越多，一旦出现故障需要修理就要求助于汽修厂。那么，自己能不能也开一家汽修厂呢？

有了这个想法之后，老刘就开始规划起来了。他先是买了一些汽车原理的书开始理论学习，遇到不明白的就向公司里技术娴熟的老师傅请教，填充自己的知识。后来他又花钱买了一辆报废车自己拆拆装装。再后来，一旦厂里有车出了故障，他就自告奋勇帮忙修理……两年之后，老刘向公司领导递上辞呈，表明了自己的想法，领导非常支持，还表示，如果他真开了汽修厂，公交公司就是他的第一个对口合作单位。

经过一番准备，老刘的汽修厂很快开张了，虽然规模很小，但规划的第一步总算实现了。开始，人们对这家新开的小汽修厂并不信任，生意不是很好。这个老刘早就料到了。于是他开始了第二步计划，花重金请来了技术非常好的老师傅坐镇，自己也吃住在那里，亲自把关，尽量做到每次都让顾客满意。时间一长，来修车的回头客就多了，有的还会介绍自己的朋友来老刘这里修车。以前公司的领导也兑现了承诺，公交公司成为了老刘的对口合作单位。

如今，老刘的汽修厂也扩大了规模，还开了好几个分部。老刘也实现了自己的创富梦想，成了当地有名的"汽修大王"。

正是因为老刘井井有条的规划，才有了后来的成功。如果老刘一直在原公司工作，每月拿着固定的工资，整天按着时间表上班下班地"盲走"，即使工资翻好几番，也不会拥有今天的成绩。

脱贫致富经

有些人总爱顺着自己的心意走，随心所欲，走哪儿算哪儿。还有一些人，他们懂得规划生活，规划人生，正是这样的差距，把前者拖成了穷人，后者变成了富人。

所谓富人，无非是他们看到的比我们多，然后再制订长远计划。成功创造财富的过程其实就是一个发现财富的过程。在这个过程中，你必不可少的东西有：一颗敢于追求未来的心，一个永不放弃的信念，一份井井有条的财富规划。如果能够从成功人士身上学习经验，并能做到自信观察生活，相信用不了多长时间你就能学会规划人生的本事。

第五章 目光
富人抓大势，穷人盯小利

人无远虑，必有近忧

如果前方有一条道路，有人可能只看到不远处的高大树木，而有人却能看到无限延伸的绿化带。如果只顾眼前利益，对当前取得的一点儿成果沾沾自喜，骄傲自满，那么他一定是穷人；如果深谋远虑，为自己制订长远计划，做事沉稳庄重，那么这个人不是富人就是正走在通往富人的路上。

19世纪的时候，一个英国青年正坐在去伦敦的火车上。当火车慢慢减速后，他知道已经到了这片荒原上的某个拐弯处。正在这个时候，火车上的所有乘客都被荒原上的一栋房屋吸引了目光。实际上，这栋房屋不但普通，而且看起来极为简陋，只不过，因为它是这片一望无际的荒原上唯一的建筑物，反而显得尤为醒目。漫长的旅途中，乘客都觉得无聊透顶，就这样，他们开始热切地聊起那栋荒原上的房屋来。可是，这个英国青年却在思索着这栋房屋有可能创造的其他价值。

所以，当火车从伦敦往回走时，这个英国青年在那栋房屋附近的火车站下了车。他花费很大的精力才找到了那栋房屋的主人。房屋主人对青年说道："我们在那栋房屋里生活的时候，总是会被火车的噪音弄得心烦气躁，只好搬了出去，而且，我很想将这栋房屋卖出去，只不过，因为交通不方便，一直以来都没有人愿意购买。"

就这样，英国青年拿出自己2万英镑的积蓄购买了那栋房屋。然后，这个青年开始四处寻找一些大公司，希望他们能在那儿打广告。幸运的是，青年很快就与IBM公司达成了协议，IBM预付给这个青年18万英镑当作3年的广告租金。

试想，如果当初年轻人不是从长远的"商业利益"出发，也只是如同路过的旅客那般对此事一时兴起进行一番议论，而后便将此事抛诸脑后，那么这之后的一切也就不会发生了。而正因为年轻人看到了这栋房子的价值，并及时采取了行动，以低价买下，并将房子推销给了同样慧眼识珠的IBM公司，这才让他拥有了之后的财富。

元末明初的巨富沈万三就是一个"思来年"的富人。

元末明初的巨富沈万三，出生在苏州。在封建时代的中国，富人大多出身地主阶层或者官宦之家，敢于经商而又通过经商致富的人少之又少，大型的商品交换都集中在皇室和官宦之家，民间的经商也只是局限在小额的商品交换。可沈万三的财产是地主和官僚阶级无法相比的，连明太祖朱元璋都会嫉妒他的财富，可谓是富可敌国。

朱元璋在南京建都后，由于长年战事开支巨大，国家无力修建城墙，沈万三个人出资修筑了城墙的三分之一。据说，当时沈万三遍请世上能工巧匠，待遇不菲，甚至连普通的监工，都在其中捞了不少油水。最后盖好的城墙无可挑剔，就连施工速度都快于皇家所请的工匠。后来，沈万三竟然向朱元璋提议，自己捐出百万黄金，替皇帝犒赏天下军民。展现自己财富的同时，也引起了朱元璋的强烈不满，最后他被朱元璋治罪发配边疆，结局凄惨。虽然不谙君臣之道为沈家带来了祸端，可作为商人，他却是成功的。沈万三也因此成为浙商的先驱典范。

第五章 目光
富人抓大势，穷人盯小利

同大多数人一样，沈万三也出身于传统小农家庭。先人靠种田起家，在继承了先辈的资产后，沈万三不是只看眼前，而是继续购入土地，广辟田宅，以至于"田产遍于天下"，成为名副其实的大地主。可商人的本性并没有让沈万三停止步伐，他不止考虑现在，也想到将来。他购入船只，利用水路便利，冒险与番邦通商，将浙江一带的丝绸、手工艺品等远销海外，他的这种对外贸易的大胆行为，最终使他成为富甲一方的大财主。

出生于农业时代，却并没有安于土地经营，沈万三在财富的道路上看得远，没有止步于眼前的利益，也值得现代人借鉴——从农民到地主，再到富商，何尝不是从员工到老板，再到投资者呢？

脱贫致富经

只关注眼前的生存利益，为一点儿蝇头小利操心，却不考虑事物的长远发展，是永远不可能成为一个真正的富人的。要想提高自身价值，就要多多考虑事物的长远发展。思维要开阔一些，这样财富才能离你更近一些，你也才能由穷变富，最终跨入富人的行列。

求财有道，不能见利忘义

有些时候，造成人与人之间贫富悬殊的还跟一个人的诚信度有关。求财不失诚信的人总是被别人信赖，其人生路自然越走越宽；而为了追求小利失去本心或者不顾情义的人，其人生路无疑越走越窄。生活中无数事例也都证明，讲诚信的人更容易成功，获得财富。

有这样一个故事：

古波斯王国有一对孪生姐妹，她们靠酿造蜂蜜养家糊口。不过，姐妹两人的性格存在很大的不同。姐姐的脾气很急，办事缺少条理性，也缺少远大的抱负与目标，她最大的目标就是希望自己能生活得好一些；而妹妹是个心思缜密的人，且有着远大的理想，她并不满足靠酿造蜂蜜来维生，最大的目标就是希望有一天能让波斯国王喝到自己酿造的蜂蜜。而在卖蜂蜜的时候，姐妹两人也表现出很大的差异：姐姐习惯于站在街边吆喝，每天能卖出不少蜂蜜；而妹妹却不按常理出牌，她会拿出一部分蜂蜜免费送给过往的行人，并在蜂蜜瓶上印上自己的名字。妹妹虽然损失了一部分蜂蜜，但是客源却在不断增加。

随着姐妹俩蜂蜜销量的不断提高，她们的蜂蜜也在当地出了名。此时，姐姐认为，蜂蜜的销量不断提高是因为顾客对自己蜂蜜的认可，顾客会一直购买自己的蜂蜜。于是她开始懈怠，不再

第五章 目光
富人抓大势，穷人盯小利

像以前那样早起酿蜂蜜，对酿造工艺的标准也降低了，顾客们发现姐姐的蜂蜜无论在颜色上还是味道上都与以前有很大不同。妹妹听到这个消息以后，以为姐姐生病了才会酿造出这样的蜂蜜，于是她找到姐姐问道："你的蜂蜜怎么会酿成这样？"

"我没用心去酿造。"姐姐漫不经心地说着。

"你可要明白，蜂蜜酿得不好会砸了自己的招牌。"

"我才不考虑这些呢，我已经把钱攒得足够多了，也不在乎蜂蜜酿得是好是坏了。"

妹妹非常无奈，姐姐这样见利忘义的行为是丢了诚信啊，再三劝阻姐姐，可姐姐就是不听，于是便走开了。

妹妹回到家后，为了实现让波斯国王喝上自己酿造的蜂蜜的愿望，每天起得比以前更早，还特意拜访了酿造蜂蜜的前辈们，向他们认真学习酿造蜂蜜的知识，她酿的蜜更香更甜。在不懈的努力下，妹妹的蜂蜜被波斯国的达官贵人看中，他们喝完以后都对妹妹酿造的蜂蜜赞不绝口。于是在这些达官贵人的引荐下，妹妹将蜂蜜献给了波斯国王。国王对她说道："如果你当场能够酿造出我喜欢的蜂蜜，我将重重赏赐你。"

妹妹从容地开始酿起蜂蜜来，时间一分一秒地过去，所有人的目光都集中在她身上。两个小时过去了，妹妹举起一杯蜂蜜递到国王面前，国王品尝了一口大加赞赏，当即赐给妹妹许多钱，并指定以后就喝妹妹酿的蜂蜜。妹妹的表现被站在一旁的波斯王子看在眼中，随后两人进行了接触和交往。在交往过程中，妹妹的聪慧与美丽打动了王子，王子决定娶她为妻。就这样，一个原本酿造蜂蜜的普通女孩摇身一变成为了王妃。

姐妹两个人虽然都是以卖蜂蜜为生，但是两个人的命运却发生了变化，妹妹求财不失诚信，姐姐见利就丢了本心，所以姐姐还是那个贫穷的姐姐，

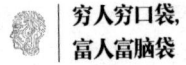
穷人穷口袋，
富人富脑袋

妹妹却收获了波斯王子的爱情。

一位姓陈的老板，口才一流，相当精明，看起来是个很好的销售和谈判高手。他自己常常对外扬言："我这张嘴在北京城就能值五百万！"他把公司制度设计得跟万花筒似的，把工资和奖惩体系做得跟蜘蛛网似的，玄而又玄，每个人都不知道他在玩什么，经常不知道怎么就被克扣惩罚了。对于客户，他也是偷工减料，耍滑头，全靠一张嘴忽悠，他不仅自己欺骗客户，还教育员工要配合他，印象最深的一句话就是做方案时永远不要写得太具体，"要放得进去拿得出来，要不然自己就被动了"。所以他答应客户的都是空头支票，具体执行的时候就开始玩文字游戏，和客户狡辩。也因此，他的客户从来没有回头客。

现在，这个自称"嘴皮子值五百万"的口才哥在一家很小的广告公司做普通业务人员，业绩很差，勉强糊口。而且老婆和他离了婚，他的境况十分凄惨。

一些欺骗的手段可能会为你带来暂时的效益，但最终的后果肯定是负面的，就像这个"陈百万"一样，没有诚信，不仅丢了工作，还跑了老婆。

脱贫致富经

诚信是生命，做生意如此，做人更是如此。诚信二字对任何人来说都非常重要，为人真诚、言而有信，是一个人立足社会、成就事业的前提。反之，做事自私自利，不讲信用，即使能骗得了人一时，时间久了，你的"诡计"必将败露，遭人唾弃，一事无成。

第六章 观　念

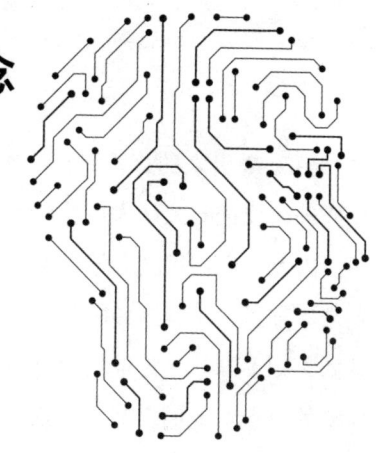

富有富的理由，穷只能是穷的命

要想脱离贫穷，首先要改变观念，不要认为攒钱能让你变成富翁，也不要认为有了点钱就可以财大气粗，过度挥霍。聪明的人懂得把钱用在刀刃上，他们用钱造人脉，用钱生钱……这才是正确的观念。富有富的理由，倘若因循守旧，不转变赚钱观念，只能是穷的命。

穷人穷口袋，
富人富脑袋

钱是赚来的，不是省来的

　　钱是赚出来的，不是攒出来的。有钱人和没钱人对待金钱的态度是不一样的。没钱的人认为想要成为富翁，首先不能让手中的金钱遭受一点儿损失。因此他们在得到一笔财富之后，总是想方设法地将其保存起来。但是他们却不知道，正是这样的行为，才使得自己屡次错失成为富翁的良机。而有钱的人则不同，无论他们拥有多少钱，赚到多少钱，都不认为这是自己追逐财富的终点。他们会努力寻找一切能赚钱的机会，让手中的钱生钱，像滚雪球一般将财产越滚越大。

　　没有谁是靠拼命攒钱成为亿万富翁的。人们常说"省不如赚"，其实就是这个道理。因此，只有懂得赚钱、学会赚钱、敢于赚钱，才能获得财富。而只懂得储蓄、不懂得赚钱的人，相当于与贫穷画上了等号。

　　下面这个美国企业家的故事充分证明了"省不如赚"这一观点。

　　皮博迪出生在马萨诸塞州一个名叫丹弗斯的地方，皮博迪在家里排行老二，他还有一个哥哥和6个弟弟妹妹。童年时期，为了维持这个十口之家最基本的生活，皮博迪的父亲早出晚归去农场劳作，偶尔还会给人修鞋，借此赚点额外的收入。尽管如此，还是无法满足正常的生活开销。值得庆幸的是，皮博迪的母亲总是能把钱进行恰到好处地规划，勉强维持一家人的温饱问题。

　　随着8个孩子渐渐长大，皮博迪的父亲压力越来越大，再也

第六章 观念
富有富的理由，穷只能是穷的命

无法独自一人供养10个人。有一天，皮博迪的父亲对大儿子说："孩子，家里的情况想必你非常清楚，日子一天比一天艰难，如果还是靠我一个人，那你和你的弟弟妹妹们很快就要饿肚子了。我知道你还未成年，但是真的没办法，我无法为你提供优越的生活条件，你只能出去谋生，自己养活自己。当然，如果你能赚到钱，别忘了照顾你的弟弟妹妹们。在你出发之前，我想对你说一些话，或许这些话对你未来的人生会有很大的帮助，我甚至希望你将来有能力帮助咱们家走出贫困。"

大儿子认真听着父亲说的每一句话。父亲欣慰地看着懂事的大儿子，顿了顿，又神色凝重地说："之前我一个人赚钱养家，收入虽然微薄，还好你们的母亲很懂得节省，才使我们不至于挨饿受冻。但我想说的是，你们的母亲再懂得节省，如果我不能赚到更多的钱，我们一家还是摆脱不了贫困的现状。我们不就是这样一直过了这么些年吗？所以我让你出去闯荡，不只为了养活你自己，更希望你能锻炼并提高自己的能力。毕竟我和你们的母亲年龄都大了，再过几年可能都干不了重活儿、养不了家了。你不一样，还年轻，有着无限可能的未来，只要你胆大心细、敢闯敢拼，将来的某一天你一定能成功，享受美好的生活，不为吃穿发愁。"

父亲说这番话的时候，正好被皮博迪听到了，虽然当时年龄小，他不十分明白父亲话的意思，但是他牢牢记住了父亲说的一点——就算母亲再会持家、省钱，都不如想办法赚更多的钱更实际。

皮博迪9岁这一年，父亲去世了，从此家庭的重担全都压在了哥哥的肩上，母亲一下子也憔悴、衰老了很多。11岁这年，家里的生活更加拮据，于是皮博迪决定辍学跟哥哥一起干活儿赚钱养活母亲和6个弟弟妹妹。

生活的贫困磨砺了皮博迪坚韧不拔的性格，父亲的去世更让年幼的他从此变得像个顶天立地的男子汉一样，即使身陷逆境，也能泰然处之。

在学校的这几年，皮博迪练得了一手好字，而且他非常聪明，做事严谨，反应灵敏，在当地小有名气。一个名叫西尔维斯特的英格兰商人开了一家杂货店，得知皮博迪要找一份工作后，很高兴地招他来做学徒。西尔维斯特特别喜欢皮博迪，于是亲自教他怎么经营杂货店。

1811年，皮博迪的哥哥在马萨诸塞州东北部的纽伯里波特开了一家布料店，为了帮助哥哥，皮博迪辞别西尔维斯特，结束了四年的学徒生涯。出人意料的是，布料店没经营几个月就遭遇了一场大火，被烧了个精光。没过多久，皮博迪应征入伍，参加了1812年的美英战争，被安排在波托马克河岸巡逻，他在自己的岗位上一直坚持了三年。1815年，战争结束之后，19岁的皮博迪与里格斯在费城合伙成立了一家公司，专门经营干货生意，从此以后，皮博迪将生意转向了英国。由于皮博迪天资聪颖，又十分勤快，没几年，他的生意越做越大，钱也越挣越多。

1837年，美国经济危机，皮博迪趁机低价收购了大部分美国证券。经济危机过后，他又高价出售手中的债券，大赚一笔，并将公司迁到伦敦，还成立了一家金融公司。从此以后，皮博迪一发不可收拾，不仅在金融界声名鹊起，更登上世界级富豪榜。

皮博迪的一生充满传奇，他的致富道路用一句话来总结，那就是："如果你不想办法让你的钱流动起来，让它不断带来收益，那么你将会被财富拒之门外。"

说到会赚钱，犹太人的赚钱能力是世界公认的，为了迅速进入富人的行列，他们会选择资金回收较快的行业，然后把大部分注意力倾注到"抢生

第六章 观念
富有富的理由，穷只能是穷的命

意"上。在犹太人之间流传着这样一个故事：

  在一家刚开业的百货商场门前，一个人正目不暇接地看着这个豪华百货商场里琳琅满目的商品。这时，他看见了不远处一位叼着雪茄的先生。于是，这个人走上前，对那位先生好奇地问："先生，您的雪茄很香，应该很贵吧？"叼着雪茄的先生笑着说："2美元一支。"这个人暗自吃了一惊，接着又问："那您一天大概要抽几支呢？"叼着雪茄的先生不紧不慢地回答说："10支吧。""天哪！您抽烟多久了？""30年前就抽上了。""天哪！您仔细算算，要是不抽烟的话，那些钱足够买这个百货商场了！"叼着雪茄的先生笑着反问道："这么说，您也喜欢抽烟，是吗？"这个人说："我才不抽呢。"叼着雪茄的先生又问："那么，您买下这个百货商场了吗？"那个人回答："没有。"而那位先生笑着说："告诉您吧，您眼前的这个百货商场就是我的。"

  想要获得更多的财富，与其千方百计算计如何才能省下更多的钱，还不如想想怎么做才能收获更多。古往今来，那些富翁们没有一个不是绞尽脑汁想办法挣钱的，因为他们明白，仅仅靠省钱永远实现不了脱贫致富的目的。

> **脱贫致富经**
>
> 获得财富的方式就是通过努力不断赚钱,而不是节省。节约和储蓄的确是值得称赞的一种习惯,但一味地节省会令人变得保守,安于现状,一旦如此,你的生话就会被打上贫困的烙印。那时候即使有机会摆在你的面前,你也会丧失追求财富的勇气,从而白白错失良机。只有让手中的钱流动起来,并且拥有强烈的创富欲望,你才能摆脱贫困,成为一个真正富有的人。

第六章　观念
富有富的理由，穷只能是穷的命

赚钱有讲究，花钱有门道

没有头脑的人总是说："这么点儿钱能干啥，有了也没用，花了算了。"

有赚钱头脑的人会说："我要让自己的1元钱变成100元。"

每个人都会有些钱。一些人选择把它存入银行，或添置家具什物，即使投资也是投到低报酬领域，以求保险。但是从来没有过把钱存入银行而致富的人。

善于投资的人，能够让钱生钱，日积月累，必将成为真正的富人。

有个富翁准备出远门，临走前把自己的部分财产交给自己的三个下人，让他们自己保管和使用，每个人的钱一样多。

富翁临走前告诫他们，要妥善保管自己的财富并好好利用，等两年之后再来看你们都过得怎么样。

第一个下人拿到这笔钱跟着镇上的一个投资理财高手做了各种投资。

第二个下人用这笔钱买下原料，租了个工厂，用买的原材料制造商品出售。

第三个下人既没有投资，也没有买原料，而是拿着钱买了一栋大房子和一部车子。

两年之后，富翁回来了，他把三个下人叫到跟前。第一个和第二个下人手里的财富比之前多了一倍，富翁很满意，然后把他俩赚的钱全都给了他们。

当问到第三个下人时,他支支吾吾,不敢回答,因为只有他的财富丝毫未加。他向富翁解释说:"我也不知道要干什么,害怕一旦把钱投了进去会遭到损失,所以,干脆给自己花了。"

富翁听了气不打一处来,大声骂道:"你这个懒惰的人,只会挥霍你的钱财,不懂好好利用。"然后就把他辞掉了。

故事中的第三个下人不懂得利用手中的财富,白白浪费了资源,最终落得被主人辞退的下场。

穷人的消费习惯是有多少花多少,中产阶层则是提前消费,而富人则是让钱生钱,先投资再消费。其实有没有钱、有多少钱并不重要,重要的是你有没有正确的理财观念。只要稍微有点理财的知识、正确的投资观念和长久的耐心,不需要高学历、高智商,就能做到利用理财致富。

巴菲特是世界富豪,他致富的秘诀就是将钱投资在股票里。和许多普通的美国孩子一样,巴菲特也是从做一个送报生做起的。然而不同的是,他比一般人更加了解金钱的未来价值。

他珍惜来之不易的每一分钱。当看到店里卖的400元电视时,他看到的不是眼前的400元价格,而是20年后400元的未来价值。他宁愿投资,也不愿意拿来买电视。这样的想法使他不随意将钱花费在购买不必要的物品上。

房地产、股票等往往是有钱人存放财产的方式,而把钱存在保险柜或者银行的人常常是没钱人存放财产的方式。由此可见,不同的人对钱的看法也不一样;其理财方式的差异,更使他们的财富差距大大拉开了。

第六章 观念
富有富的理由，穷只能是穷的命

生活中并不缺少财富，而是缺少发现财富的眼睛。有的人总是在不经意间浪费掉身边的财富，而等到发现时却为时已晚。从某种程度上来说，大多数人在面对财富的时候容易迷失，事业起步时耽于享乐，事业风光时崇尚攀比，事业有成后固执守财。即使没有以上"顽疾"，花钱大手大脚、没有计划的情况也多少会存在。不单是物质财富，对时间、青春的挥霍，更加让人唏嘘不已。

刚刚毕业参加工作的大学生在领到第一笔工资之后的喜悦是可以想象的，而之后急切的消费心理也可以体会。购买在学生时代买不起的东西，租一间不错的公寓，然后舒舒服服地过自己无拘无束的生活。久而久之，就养成了大手大脚的消费习惯，甚至忘记勤俭节约。至于当初可能想到的完善自己的愿望，也被抛到九霄云外了，等到醒悟过来或许已经过了不惑之年。

有了一定资金积累之后，在同事和同学之间，自己也变得更有底气，此时此刻切忌盲目攀比。一旦养成攀比的习惯，在挥霍物质财富的同时，也会使个人变得急躁匮乏，甚至影响和朋友、同事的关系，害人害己。

脱贫致富经

无论是刚刚参加工作，还是事业小有成就，只要想获得更多财富都必须学会合理分配财产，拒绝挥霍。要养成理财的习惯，可以这样做：

1. 做好预算，算好账单。按需求给自己每月做出预算，月末结算时，比对总结，这有助于了解自身消费的重点所在。

2. 提高抗拒诱惑的能力。面对琳琅满目的橱窗、五彩缤纷的衣架、灯火通明的酒吧，应该秉承消费适度的原则。抵制住一部分诱惑，可以减少不少开支，以防事后后悔。

3. 藏好信用卡。应当把信用卡作为应急的工具，而不是日常消费的口袋，否则助长了大手大脚花钱的毛病不说，每年给银行捐的也不是小数目。

4. 交一些懂得节俭的朋友。节俭不同于小气吝啬，朋友聚会尽兴就好，没必要出手阔绰。能AA制最好，免得请来请去，开始攀比。

第六章 观念
富有富的理由，穷只能是穷的命

最大的成功就是健康地活着

在现代这个快速发展的社会里，很多人为了生活、梦想而忙碌奔波。有些人为了心中的梦想奋斗时，常常不顾劳累，耗费更多的精力去"战斗"，等到彻底承受不住时才来关注自己的身体，可是等身体刚恢复又开始像以前一样奔波卖命，这是在"拿命换钱"。但是对于另外一些人来说，他们明白钱要为命所用，即使再忙也会花一部分时间锻炼，保持运动的好习惯，他们懂得"身体是革命的本钱"。

李嘉诚十几岁时就失去了父亲，家境不是很好的他，早早就担起了养家的重任。他小小年纪就走上社会谋生，到各个地方做工，后来他凭着勤奋好学，经过几十年的努力，终于成了亚洲首富，取得令人艳羡的成绩。

人们在总结李嘉诚成功的经验时发现，李嘉诚在这几十年的拼搏中，始终保持着旺盛的精力，即使已经80岁，身体依然健康，而且精力依然旺盛。

在回答这个问题时，李嘉诚说："身体就是革命的本钱，只有身体健康，事业才会有所发展，所以，我向来都很注重自己的身体健康情况。就算以前家里困难时，我也从不拿自己身体开玩笑，因为我知道，一旦身体垮下了，我就真的失败了。"

真佩服李嘉诚先生的这句话："从不拿自己身体开玩笑，因为我知道，一旦身体垮下了，我就真的失败了。"从这句话里就能看出他的智慧。其实谁都知道身体的重要性，但真正能付诸行动的又有多少人呢？而作为亚洲首富的李嘉诚，却看得那样透彻，那样带有感情的理性。真希望那些对健康迷迷糊糊的拼搏者，也能像李嘉诚这样看得透彻。

现今的竞争环境越来越激烈，事业和金钱是大多数人追求的目标，但是却忽视了被强烈的事业心和物欲隐藏在背后的健康问题。金钱能买到房子，却不一定能买到安宁；能买到高级的床，却不一定能买到睡眠；能买到漂亮的衣服，却不一定能买到美丽；能买到世上许多东西，却买不回健康。健康胜过万人膜拜的金钱。

实际上我们细细想，工作是做不完的，金钱是赚不完的。有无数的人在为着名和利而拼搏，其中大多数以牺牲自身的健康作为代价。有一种浅显却直观的说法是，广厦千间，夜眠八尺；良田千顷，日食三餐。正如有了多余的钱会更加让人心累，多余的追求会让人更加力不从心。所以，要平衡天平的两端，学会适当地舍弃。而为了更好地工作，为了更好地扛起工作和家庭的"大梁"，就需要"留得青山在，不怕没柴烧"。

> 沫沫是个长期忙于工作的人，她的大脑里始终绷着一根弦，生活基本没有什么规律，似乎只是为赚钱而活。于是，她每天都不按时吃饭、不按时休息，如机器般没完没了地工作。饿一顿、饱一餐，时间长了她的肠胃失调，一吃冷的或是受凉了就阵阵绞痛。去看医生，医生说是压力太大，没有好好吃饭才导致的。沫沫听了之后非常后悔。

就拿磨盘来说，如果磨盘里什么东西也没有，当然会导致磨盘损坏。人的胃也是如此，它总是在蠕动着，如果里面没有食物，就会对胃造成损伤。

第六章 观念
富有富的理由，穷只能是穷的命

所以，那些不按时就餐的人，先会导致肠胃失调，从而无法满足人所需要的基本营养，既而引发各种疾病。现在的年轻人不要拿命赚钱，身体是革命的本钱。

脱贫致富经

按照对健康的态度，有人总结出四种人，分别是：聪明人、明白人、普通人和糊涂人，看你属于哪种人？

第一种人当然是聪明人，他们不仅时刻关注自己的健康，还会落实到具体行动上，他们会顺应健康规律，该休息时就立刻放下手头工作，放松一下身体，劳逸结合。聪明人会有两个春天，0—60岁是第一春，60—120岁便是不懂健康的普通人享受不到的夕阳红，是更好的春天。

第二种是明白人，他们懂得健康的重要性，不去做伤害自己健康的事，让生命更加保值，更加长久。

第三种是普通人，他们不认为健康特别重要，甚至漠视健康，让生命因此贬值，所以普通人常常生病，提前衰老。

第四种是糊涂人，做着透支生命的事情，这种人多数是精英白领，事业上如日中天，身体健康状况却江河日下。在他们的健康观念中，没病就是健康，抽烟喝酒、通宵熬夜、生活无度不加节制。

生活是一条不可往返的单行线，如不珍惜身体，纵使有金山银山包围，生命还是会如期亮红灯。

穷人穷口袋,
富人富脑袋

有舍才有得,金钱也是如此

如果让穷人和富人做同一件事,他们会表现出很大的不同。

穷人会把这件事做成一个陷阱,而且这个陷阱又小又深,最终把自己一个人陷在里面。比如,为了争家产和父母、兄弟姊妹搞得矛盾重重,相互仇视;为了争一个职业、一个项目或一笔资金搞得人际关系紧张;为了不肯吃一点儿亏而随便得罪朋友……然而,当自己遇到了困难,才明白没有亲朋好友的帮忙,自己可能永远都爬不起来。而富人能用心把每件事当成人生中的一个重要支点,进而做成一条直线,而且越做越宽,拉更多的人和自己一起上路,最后这条线就成为通往成功的大道。

开同样的店,穷人卖出一件东西就觉得万事大吉,至于顾客使用的满意程度、与进货商之间的关系都全然不顾。他只知道赚钱,甚至不惜为了钱和顾客搞僵,为了钱和供货商搞砸关系。而富人则愿意让顾客得到实惠,甚至愿意在某些特殊供货商身上花钱。几年下来,由于富人重视与人的相处,无论是进货商还是顾客都很满意,许多顾客还给他介绍了一些大的客户,因而生意越做越红火,店越开越大,还开了连锁店。穷人却开不下去了,只好关门。

穷人拿钱断后路,富人则愿意花钱经营人脉,花钱学习如何经营人脉。

汤姆·霍普金斯是全球有名的推销员,被誉为"世界上最伟大的推销大师"。他在做地产销售时,业务就十分出色,相

第六章　观念
富有富的理由，穷只能是穷的命

　　当于每一天就能卖出一套房子。他凭自己出色的销售能力，仅仅3年就赚到了3000万美元，在他27岁时就成为了让人羡慕的千万富翁。至今，无人能打破汤姆·霍普金斯房产销售的吉尼斯世界纪录。

　　汤姆·霍普金斯的成功在于他懂得人脉的重要性。在刚踏入销售界的前6个月，汤姆·霍普金斯屡遭败绩。当时他还很贫困，为了在销售方面有所突破，他决定把自己仅剩的最后一点儿积蓄用来参加世界第一激励大师金克拉的一个培训班。这个为期五天的课程让他的生命有了巨大转折！在这个培训班里，汤姆·霍普金斯学到了赚钱的秘诀："赚更多钱的技巧就是去接触更多的人，不断丰富自己的人脉资源。"在之后短暂的时间里，他便靠着他人脉至上的理念和营造人脉的技巧获得了惊人的成功。

目光短浅的人投资一个项目，只会考虑这个项目所需要的物力，而有长远目光的人投资则更多地会考虑人力，愿意为人脉大把花钱。如果想要花较少的成本得到更大的利益，最值得做的就是经营人脉、积累人脉。

　　可能许多人认为比尔·盖茨之所以能够成为世界首富，是因为赶上了世界大趋势，可这仅仅只是一部分原因，他在计算机方面的专业才能是不可忽视的。当然，这些都是他成功的必然基础，但除这些原因之外，最关键的就是比尔·盖茨很善于造人脉。比尔·盖茨刚刚创立微软公司的时候，只是一个无名小辈，公司创办之初一切运作都相当困难，但他并没有只关注于公司技术方面的问题，而是着眼于与其他大公司的合作。在他20岁的时候，他就与当时全世界最大的电脑公司IBM签订了第一份合约。当时的他只是一个普通的在读大学生，还没有建立很多的人脉资源。之所以可以签到这份合约，盖茨利用了母亲的关系。他通过母亲的介绍认识了IBM的董事长，并和他谈了自己的构想。可以说他第一步迈得就比别人大。假如没有当初的IBM这个单，可能就没有现在的成功。

比尔·盖茨说："在我的事业中，不得不说我最好的经营决策是必须挑选人才，拥有一个完全信任的人，一个可以委以重任的人，一个为你分担忧愁的人。"

要成大事就要善于在交往中积累人脉资源。若能做到上能得到达官贵人的庇护，下能得到平民百姓的支持，中能得到其他资本投资家的帮助，人脉大树枝繁叶茂，那成大事一定不在话下了。

脱贫致富经

为了追求眼前的利益而自断人脉的行为无异于飞蛾扑火，因为财富的获取是一个漫长的过程，只为眼前而不顾将来，注定这种人的结果是失败、穷困的。所以，在维护现有人脉资源的基础上发掘新的人脉，并认准生命中的贵人，花更多的时间和精力与他们交往，尽自己所能与其形成最佳利益联盟，并时刻重视彼此之间的关系。

第六章 观念
富有富的理由,穷只能是穷的命

没有一个富人是"守财奴"

有的人守财,总以为钱就是财富的全部。有的人虽然也爱财,但对于金钱,不是放在存钱罐、存折上,而是主动出击,灵活运用,发挥每一笔钱应有的作用。西班牙经济学家萨拉·伊·马丁做过这样一个有趣的比喻:"财富积累的法则和足球的一致性,在于铁桶阵可以保本,而进攻可以换来胜利。"也就是说,在财富积累方面,越是主动的人,越能够在"圈地运动"中获得更多的资源,从而提升自己的个人价值。

底格里斯河畔住着一位叫摩西的老人和他的三个儿子,当摩西感到自己渐渐老了的时候,他开始考虑为三个儿子划分家业。为了考验儿子们的个人能力,摩西给了他们每人一袋麦种,对他们说:"我现在要出一趟远门,一年之后咱们才能再见。现在我把家里所有的粮食都交给你们了,你们一定要努力看好这些粮食,不要让野狗偷吃,也不要给强盗抢了去。"

说完这句话,摩西就离开了家乡,乘船往东去了。老人走后,三个儿子开始考虑如何保护父亲留下来的三袋粮食。为此老大从邻居家里借来了一把锄头,在自己住的房子里面掘了一个深深的大坑,将粮食埋了进去。为了以防万一,他还专门搬来了一口坛子,将挖掘过的地方死死压住。

相对于老大过于小心的行事作风，老二的脑筋就要灵活多了。他心想，有整整一年的时间，倒不如将这些麦种拿去耕种。经过一番思量，老二选好了一块地，将所有的种子都播种了下去。

三兄弟当中最聪明的是小儿子，他和两个哥哥的想法都不一样，他也将种子播撒进了泥土里，不过在此之前，他先去请教了村子里的长老，询问了他们的意见。到了秋天的时候，小儿子将多余的粮食运到了集市上，卖了一个好价钱。

在这一段时间里，小儿子受尽了大哥的嘲笑，但他没有动摇，坚持了自己的做法。

冬雪刚刚解冻，摩西就回家了，他检查了几个孩子的成绩：老大埋进地里的种子只剩下了半口袋——一窝快乐的地鼠发现了这一笔从天而降的财富，然后在袋子上面咬了一个洞，过上了富足的好日子；老二交出了一袋粮食，他没有什么耕种经验，选择的土地离河岸太近，雨季到来之后，泛滥的河水冲走了他三分之二的收成，老二忙活了一年，只是勉强保住了本钱。

最后就是小儿子了，他不但交出了满满一口袋的麦子，还赚到了10枚银币。老摩西一看，心中十分欢喜，最后决定将自己所有的财产平均分成了10份，大儿子得到其中2份，二儿子得到3份，剩下的5份全部给了小儿子。

对于父亲的做法，老大很是不解，他认为自己是家中长子，理应得到更多的财产，而对这一分配方式老二也感到不解。摩西便对他们解释道："我分发财产的依据就是，谁能将自己手里的财富变得更多，我交给他的财富份额也就更大。你们三兄弟当中，只有老三做得最好，所以我分给他的家产也就最多了。"

几年以后，摩西去世了，几个儿子果然像他所预料的那

第六章 观念
富有富的理由，穷只能是穷的命

样，老大只会整天守在家里，赚到钱之后找个瓦罐统统藏起来；老二虽然不停地投资，却经常赔得一塌糊涂，收成好坏全得看老天爷的脸色；只有老三办事很有条理，不论年景，旱涝保收。因为有父亲临终之前的遗训，所以老三担负起了照看两个哥哥的责任，这才使得摩西的两个儿子最终不至于流落街头。

摩西家的三个儿子就代表了三种不同的财富价值取向，其中老大属于消极的保守派，他因为害怕失去，所以拒绝一切有可能致使财富流失的行动；老二属于盲动派，他向往变化，却没有找到一个合理的方法，其结果到头来和保守派殊途同归；老三的做法就符合了市场运转的一般规律，他先做市场调研，然后再根据市场需求对症下药，最后顺利地实现了自己的财富积累。

财富本身是没有主观辨别能力的，不论对谁它只会按照资本持有者的个人能力依附过去。也就是说，如果我们不保持自己的主动性，就很难赚取到足够的财富。摩西的小儿子就代表着面对财富主动出击的一派，在他看来，如果不主动向财富发动进攻，财富就不会聚拢到自己身边。因此说，在手握足够资源的情况下，每一个人都应当积极主动地投身交易市场，以求将自身财富最大化。可以想象，如果老三也和自己的哥哥一样，将所有的粮食都埋进泥土里面，那么他也就必然会丧失掉积累财富的绝佳时机。

因此，在面对财富的时候，每一个人都要保持主动性，只有自己主动出击，持续不断地对财富发出进攻，才能掌握主动权。诺贝尔经济学奖获得者、"欧元之父"罗伯特·蒙代尔曾经说过这样一句令人印象深刻的话："创造产生财富。"也就是说，只有不断地拓宽财富的来源通道，才能造就资本的正向累积。

脱贫致富经

在财富面前,每一个人都要保证自己的主动性,任何故步自封、抱残守缺的想法对于资本积累都是有害的,唯有不断地出击,保持对财富的攻击性,拓宽财富来源的通道,才能使资本得以正向叠加,达到赚钱的目的。

第六章 观念
富有富的理由,穷只能是穷的命

花钱不懂节制,你会穷得彻底

李嘉诚曾经说过:"假如一个人从现在就开始存钱,若是每年能存1.4万元,然后把每年存的钱用来投资股票或房产的话,能够获得20%的投资回报率,算下来,40年后将有1.0281亿的财富。"这就是富人的理念。而穷人的观念就是有钱就花,花完了借钱花,最后欠了一屁股外债。

韦伯·斯特是美国政治家,每天总是为钱苦恼,因为他不会理财,生活不加节制。因此,他欠了一屁股的债,无法偿还。韦伯·斯特是一位参议员,可他仍然需要靠企业家的救济生活,所以在他的演说中也有一股受贿的味道。

哥尔德·史密斯也是一位负债累累的债务人,总是刚刚偿还了一笔,又会卷入下一笔,债务不断,而且越陷越深。他去做家庭教师,刚刚赚了一笔钱——这时他全部的财产,他毫不犹豫地马上把这些钱花光了。他的家人给了他一笔钱,让他去法学院学法律,但好赌的他没有走到柏林,就输掉了所有的钱,不得已,他的欧洲之行只得一路乞讨。回到英国时,他依旧是个没有一分钱的穷光蛋。甚至在他开始自己赚钱后,依旧不懂节制,一手进一手出,被别人三番五次地追讨拖欠的债务。穷困的他因付不起房租而被捕,就算是这样,他也从未学会要节制。

假如你是刚刚步入社会的年轻人，应该避免陷入有可能把你拖垮的不良债务。现实生活中，我们发现不少不到30岁的人债务满身。他可能见到好久不见的哥们还会自豪地说："瞧瞧，看我赊账买的新衣服怎么样！"这种语气简直是把衣服当成白给的。如果让赊账成为一种习惯，那么他养成的这个坏习惯会让他穷一辈子。债务会让一个人失去自尊，满腹牢骚，为了基本的温饱劳碌奔波，却在别人追债上门的时候，拿不出一个子儿，甚是可怜，这就是所谓的"劳而不获"。

　　小枫就是个拿钱买负债的穷二代。大学时，刚从家乡来到大城市，对一切充满了好奇，她经常和宿舍里的姐妹们东逛西逛，看到喜欢的东西就买，开学时家里给了半年的生活费，她却不到两个月就花光了。剩下的时间，她就变着花样找借口跟家里要钱。

　　大学毕业后，小枫找了个外贸业务的工作，收入虽然不是很稳定，但平均下来每个月也有四五千，如果稍稍节约，也能攒下不少钱，但小枫还是月月光。不但没有钱贴补家里，甚至到月底还要借债。

　　我们来看看小枫的钱都是怎么花的吧：每月房租一千块，生活费用差不多一千块。另外，她喜欢网上购物，闲暇之余最大的乐趣就是"淘宝"。但小枫的眼光从来不停留在那些几十块钱的东西上，她认为太便宜，根本体现不出品位。所以动辄几百块钱的衣服、鞋子、包包、化妆品每样一件，不知不觉就会花掉两千来块。在休闲方面，小枫喜欢和同事一起去泡吧、喝咖啡，她认为只有这样才能培养自己的气质，跻身"上流社会"，或许还有机会钓个金龟婿，这一项每月也要花掉一千多块，不过小枫并不心疼，她认为这是必要的投资。

　　就这样，毕业四五年了，小枫还是标准的"月光公主"，虽

第六章 观念
富有富的理由，穷只能是穷的命

然生活过得很精致，但有时看到自己存折上寥寥无几的存款，她心里也会觉得没底。

如今，都市里像小枫这样的年轻人有很多：他们收入不错但追求高消费的"上流社会"，他们看不清自己的责任，不知道想要的究竟是什么。很多"月光族"也会感觉困惑：为什么我总是缺钱？明明卡里的数字在发工资时总是让人兴奋，可没过多久那4位数就变成了0。

其实，大多数"月光族"并非收入不高，他们中的不少人处于中等收入水平，即使稍微考虑到物价上涨的因素，也不会入不敷出。但是"月光族"都有一个共同特点：他们只顾追求社会上的流行时尚，比如购买时尚皮包、衣服、新型电子产品，或是在酒吧、高级KTV、电影院等场所消费。但凡能满足他们乐趣的，不管三七二十一就去消费，他们始终认为钱不够花，只能说明自己目前的工资还达不到自己的生活需求，却从来没有考虑过是自己花钱大手大脚的缘故。

脱贫致富经

如果你觉得自己是一个穷人，遵照以下几点慢慢修炼：

1.开始记账。每天每月或定期进行手工记账；或采用家庭理财软件来记账，很多网站都免费提供这类软件。总之，选择最得心应手的一种记账方法即可。

2.强制储蓄。拿出每月收入的30%或者更多存进银行。平时买东西剩下的零钱可以放进存钱罐或者信封，比如，你打算买一件100块钱的衣服，但正巧碰上商场打折，你就可以把打折省下的钱作为赚的钱存起来。这样积少成多，数目也很可观。最重要的是，它能帮你养成储蓄的习惯。

3.学会做饭，在家做伙夫。据调查，如今有高达八成的年轻人很大一部分的消费支出都花在一日三餐上，在外就餐饭费很难控制，稍微一贪嘴，就会多花几十块，所以钱就经常这样溜掉。假如学会自己做饭，并带盒饭去公司，能节省很大一部分伙食费，这样省下的钱也是一笔不小的存款。

4.享受低碳生活。如今，低碳生活是一种时尚，很多人都在倡导低碳省钱的生活方式。你也可以尝试一下当下流行的各种省钱招数，根据自己的生活习惯和作息时间，合理安排自己的低碳生活，循序渐进地省钱、省能源，让自己活得健康快乐。

5.尽量用现金付款。付现金会让人有一种"心疼"的感觉，刷卡往往是无感觉消费，觉得花了就花了，虽然方便但是不能让人产生节制的念头。

6.逐渐学会投资。可以遵循由少到多、由低收益稳健型到高收益风险型的步骤，或者委托可靠的专业投资顾问公司帮你理财。

第七章 胆 识

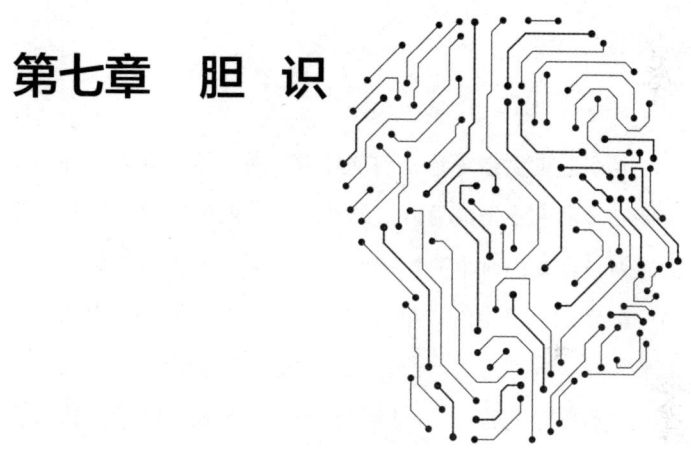

穷人靠心机，富人玩胆识

当我们羡慕别人的成功时，可曾看到他们成功背后付出的汗水？没有人能够随随便便成功，有些人之所以能够成功，就在于他们不怕失败，敢闯敢干，具有非比寻常的胆识。那些害怕失败，总是靠一点儿小聪明或小心机去生活的人，终其一生只能羡慕成功者们的生活，既没有机会成为他们，更谈不上会像他们那样生活。

胆大不等于无畏地冒险

遇事是向后退缩还是向前冒险？关于这个问题，你给出的答案也就是决定你成为富人还是成为穷人的答案。普通人做事时遇到困难总是往后缩，他们遇到一点儿小风小浪，就会无所适从。

敢于适当冒险的人是有勇气和胆识的，他们不惧风浪，喜欢适当的冒险带来的冲击感和惊喜。一个人成功的关键是胆量和勇气，如果没有胆量和勇气，就不可能拥有一切。既然选择了人生这场赌局，就必须赌下去，不能一遇到困难就退缩。

人生的输赢，不是一时的成败决定的，今天不等于明天，现在不等于未来。过人的胆识和胸怀在任何时候都是一个人取得成功不可或缺的品质。做生意、做人都是这样。只有有胆识的人才能在商海的枪林弹雨中屹立不倒，成为最终的致富王者。

刚子毕业后找到了一份工作，从实习到现在已经勤勤恳恳地干了3年。虽然他一直都很努力，上司对他的才干也赞赏有加，但他实在是不明白为什么自己始终得不到晋升。于是，他偷偷给公司总裁写了一封信。在信中，他详细地陈述了自己现在的工作和成绩。接着，他在信里又问了总裁几个问题，其中一个比较重要的问题是："我可以在更加重要的岗位上做更重要的事吗？"信寄出去没多久，刚子就忘了这件事，他可能觉得日理万机的总裁

第七章　胆识
穷人靠心机，富人玩胆识

是肯定没时间理睬他这种小员工的。

出乎意料的是，几天后，刚子居然收到了来自公司总裁的回信，而且总裁在信中还一一回答了他所有的问题，不仅如此，还在信中附有几张关于机器安装的图纸，让他负责监督新厂的机器安装。由于完成期限短，没有学过这方面知识的刚子觉得十分为难，但他并不准备放弃这个难得的机会，于是他立即投入到对图纸的研究中，遇到不懂的问题就向懂行的人虚心请教。最后，靠着自己的努力和认真的态度，刚子居然很出色地完成了总裁交代的任务。

没过多久，刚子在总裁办公室听到要让他出任新厂的总经理的消息时，一时间惊呆了，总裁看着目瞪口呆的刚子笑着解释说："据我所知，你对当初那张图纸是一无所知的，但是你却做到了。这就说明，你不仅具备了当总经理的能力，还具备了快速接受新知识的能力，领导才能也是相当出色。更何况，当你在信中向我要求更重要的职位和更高的薪水时，我就发现你是一个与众不同并且十分有勇气的年轻人，而现在，新公司正在打算找像你一样的有胆识的总经理。所以，恭喜你！"

人们做任何事情都是需要勇气和胆量的，保守做事是不会有大的成就的。只有敢想敢做，勇于承担责任，才能创造出属于自己的机会，并把握住这个机会，充分证实自己的才能与实力，赢得老板的青睐和赏识，最终实现成功且富有的人生。

有的人性格上很保守，只求安稳，对冒险一类的举动有一种本能的排斥，他们绝对不会参与没有保障的事情，因此他们目光短浅，犹如井底之蛙，知识面狭窄，没有成就大事的基本条件。那些有冒险精神的人，并不是说他们时时冒险、事事冒险，而是在需要去冒险的时候一定会勇于冒险。

日本松下集团，早在成立之初，因为恰好遇上了经济危机，市场疲软，出现销售困难，面临倒闭的危险。怎样才能让集团转危为安，摆脱此时此刻的困境，把产品卖出去呢？松下幸之助思索了许久，权衡利弊，决定拿出一万个电灯泡作为宣传，为这些电灯泡打开销路。

之后，松下幸之助拜访了冈田干电池公司的董事长，告知对方自己会用一万个电灯泡作为赠品用于宣传与其进行合作。这种不合常理的冒险让冈田干电池公司的董事长大吃一惊，但最终他还是被松下幸之助的诚信所打动，答应了合作的请求。松下集团的电灯泡搭配上冈田干电池公司的干电池，就像是一组完美的黄金搭档，起到了很好的宣传效果。这种完美的互补宣传，让干电池和电灯泡的销量迅速地直线上升。松下集团也因此逃脱倒闭的厄运。

用一万个免费的电灯泡用于销售宣传，对于刚刚起步不久并且面临经济危机的松下集团来说，是十分大胆而冒险的举动，但是面对这样的困境，松下幸之助能够铤而走险、孤注一掷挽救公司，实在是让人震撼，同时又让人特别敬佩。成功者大多数都是勇于冒险的人，他们即使面对最艰难的困境，也能绝处逢生，找到自己的出路。

诚然，要想成功就必须冒险，冒险是一个人取得胜利的重要因素。但冒险不是赌博，盲目的冒险就等于冒进。富人能分清冒险与冒进，勇敢与无知。要明白，无知地冒进只会使事情变得更糟，所采取的行为将变得毫无意义，甚至会付出惨重代价。商场如战场，如果不拿出破釜沉舟的勇气和决心，竭尽全力地拼搏，随时都可能面临破产和失败。

在生活中一旦遇到挑战，我们一定要理性地去看待。不要把挑战看作难以翻越的高山，也不要对挑战不屑一顾，要知道每一次挑战都是一次难得的进步，它能增加我们的勇气，让我们具备更坚定的信念。其实，大多数时候，我们之所以会挑战失败，不是因为我们的能力不足，而是因为我们没有赢的信念。

脱贫致富经

害怕恐惧的心理是多余的，只要穷人善于把握自己并明白以下两点，是可以战胜困难的。

第一，不要把忧虑和恐惧隐藏在心中。穷人在忧虑与不安时，总是习惯性地深藏在心里，不肯说出来，这样不对。内心有忧虑烦恼，尽量讲出来，这样不但可以给自己找到一条出路，而且有助于恢复理智，消除忧虑，找到抵抗恐惧的方法。

第二，不要胆小怕事。人遇到的挫折与坎坷往往是成功的垫脚石，只有不怕困难，才可以战胜恐惧。

穷人穷口袋，
富人富脑袋

越挫越勇，就算失败也不退缩

当遇事不小心摔了跟头后，究竟是摔出了胆量，还是摔晕了头脑？生活中大量事实证明，摔出胆量的会一步步走向成功，拥抱财富，而摔晕头脑的注定一事无成。

可能对你提起李秉哲时你并不知道他是谁，但相信你对"三星"并不陌生，其实著名的三星集团正是由李秉哲一手创办的，甚至曾一度位居世界500强企业的第14名。不得不说，三星集团堪称韩国最成功的企业。

1910年2月12日，韩国庆尚南道宜宁郡一个富裕的家庭迎来一个新的生命，他就是李秉哲。李秉哲的祖父是一介文人，曾经开办"文山书亭"书院，幼年时期的李秉哲几乎是从书院里度过的。虽然李秉哲自幼聪明伶俐，但他却具有男孩普遍存在的问题——贪玩、调皮。到了上学的年纪，为了让李秉哲改变这个坏习惯，他被父亲送到离家很远的一个新式学校里去读书。果不其然，面对新的环境、新的面孔，李秉哲安静了许多，不再像之前那么调皮、闹腾了。

读完小学，李秉哲考进了汉城的一所中学。那个时候，李秉哲的家乡流传着早婚的习俗，于是，就在他读初中三年级时，被父母安排与当地一个女孩结婚。婚后，李秉哲继续他的中学学业。不过，出于对知识的渴求，他萌生了去日本留学的念头。结果，当他把自己的

第七章 胆识
穷人靠心机,富人玩胆识

想法告诉家人的时候,父亲明确表示不同意,留学的事等他中学毕业之后再说。可是李秉哲十分倔强,他不顾父亲的反对,依旧坐轮船只身去了日本。

1930年4月,经过不懈努力,20岁的李秉哲考入了早稻田大学的政治经济学专业。他珍惜这次的学习机会,上课时专心听讲,认真记笔记,甚至课后还找相关书籍阅读。大二期间,由于无法适应当地气候,生病的李秉哲无奈返回了韩国的家乡。

与在日本留学期间的状态相比,回家后的李秉哲失去了以往的斗志,每天无所事事,不是出去游玩,就是找朋友凑在一起打牌。有一天他像往常一样出去打牌,回来之后发现熟睡的孩子,忽然意识到,自己已经不小了,不能再依赖父母了。父亲得知李秉哲想找事情做,于是给他投资办粮食加工厂,起初亏损,但李秉哲凭借自己学的知识,调整经营方针,终于扭亏为盈。

然而不久之后,日本因为发动全面侵华战争,为了聚敛资金,将日本银行的所有资金全部冻结。缺少银行贷款的李秉哲无奈之下卖掉自己名下的所有土地和其他资产,用来偿还银行利息和债务。几乎是一夜之间李秉哲回到了创业之初,变得一无所有。

虽然这次尝试失败了,但李秉哲并没有失去成功的信心,他知道任何事有成功必有失败。偿还债务后,李秉哲又重新启程,探索发展道路。

他在朝鲜和中国的多个城市考察,经过仔细分析后,决定把向中国东北出口果品和干鱼这项本小利大的贸易,作为事业发展的新起点。

"三星商会"在1938年3月1日这一天正式成立。因为"三"是韩国人民最喜欢的一个数字,代表着大、多、强,而"星"字,在韩语里的意思则是清澈、明亮、深远和永放光芒。其寓意是天长地久、强大兴旺，所以被作为商会的名称。

这就是三星刚开始创建的雏形。

李秉哲成功过，也失败过，关键是失败后，他还能重新振作起来，然后运用自己过往的经营理念积蓄能量，瞄准机会后，再一次创造更大的成功。就这份胆量就让人佩服。

反观穷人，当他们不小心摔了个跟头，会如何选择呢？

有这样一则故事：

天空下起暴雨，路面一片泥泞，这时候，一个行走在风雨中的青年男子突然不小心跌倒了，然后他坚强地爬了起来，选择继续向前行进。可是没多久，他又不小心陷进了一个小水坑里。他抱怨了几句，还是选择爬起来继续行走。然而，当他第三次跌倒后，他已经绝望了，甚至，他自言自语地说："既然我过会儿还会跌倒，还不如就这么趴在地上好了。"

一位成功人士说过："很多在致富路上行走的人之所以遭受灭顶之灾，并不因为他们缺乏商业天赋，而是他们缺少一种总结失败经验和再次崛起的勇气。"

梅西1882年出生于美国波士顿，当时谁也没想到后来的他被人们冠以"美国百货大王"的美誉。

当梅西年轻的时候，他去过海外，后来创办了一间小小的杂货铺，主要贩卖针线等小物件。杂货铺因为经营不善，很快就倒闭了。没多久，他再次开了一间杂货铺，仍旧失败了。

当淘金热风靡整个美国的时候，梅西特地将小饭馆开在淘金者大量聚集的加利福尼亚，他原本想为这些淘金者提供饮食肯定

第七章 胆识
穷人靠心机，富人玩胆识

能赚到一大笔钱，然而，大多数淘金者因为什么都没有找到，穷得竟然吃不起一顿像样的饭菜。没过多久，梅西的这家饭馆也倒闭了。

当梅西来到马萨诸塞州后，他跟随众人做起了贩卖布匹与服装的生意，可是，他这一次不仅倒闭，更是赔得血本无归。

然而，梅西并没有被接连不断的挫折所打倒，这一次，他又来到新英格兰地区继续从事布匹服装的营生。终于，他开始走运了，他拿着自己贩卖布匹服装赚到的钱盘了一家位于街上的店面。商店开张第一天，他就赚到了11.08美元的纯利润。

时至今日，位于曼哈顿市中心的梅西公司早已变成全球最大的百货公司之一。

在我们的日常生活中，难免会遇上失败，但是我们不要被失败击垮，而是要勇敢地战胜失败，并学会总结经验教训，正所谓"失败乃成功之母"，要做到越挫越勇，勇敢地走出失败的阴影，向成功的彼岸进发。

脱贫致富经

追求成功和财富的过程就好比徒步攀登陡峭的高山，不仅要通过观察选择最好走的道路，还要随时做好跌倒摔伤的心理准备。大多数人更多地关注的是笼罩在成功者头上的各种光环，很少或从来都不关注他们之前所经历的挫折与"跟头"。其实，一个人只有具备战胜"跟头"的胆量，才会拥有更坚定的信念，并且不惧困难，勇敢登上顶峰，领略更美好的风景。

穷人穷口袋，
富人富脑袋

成功是胆大者的回报

有的人求"稳"，为了追求平稳的成功，看到某项生意投资少，经营难度小，不假思索，就匆匆介入。有的人追"险"，喜欢锐意进取，敢于在一片荒野上踩出自己的道路。前者喜欢循规蹈矩带来的安全感，后者更享受锐意进取挖出的财富。

阿里巴巴创始人马云曾说："当我刚刚开始创业的时候，有人宣称，如果阿里巴巴能够获得成功，就等同于把一艘几万吨重的巨型游轮从喜马拉雅的山脚下运送到珠穆朗玛峰的山巅。我听了这样的话后，就更加下定决心去做好这件事。"

当时，在绝大多数人看来，马云是在挑战不可能实现的目标。

1995年，刚刚参与互联网建设的马云为了使"中国黄页"早点上市，不得不挨家挨户上门推销，因此还被很多人当成骗子；而当马云说自己在接下来的5年时间内要让"阿里巴巴"进军世界互联网前十时，很多人都说他是个不可理喻的疯子；当马云宣称自己将要拿着50万人民币，从自家200平方米的房子里走出去，总有一天能够打造出价值50亿美元的大企业时，同样惹得众人嘲讽。

然而，最后马云成功了，他是"富贵险中求"，如今已经是

第七章　胆识
穷人靠心机，富人玩胆识

家喻户晓的富人了。

马云最终用事实证明了一个道理：敢于挑战别人不敢挑战的，就有可能到达成功的彼岸。下面这个故事的主人公，就敢于冒险，掘得"人生第一桶金"，从此改变了人生。

河北邢台市青年企业家阎士杰是河北工艺美术学校的一名毕业生，他为了学习更加专业的知识，登上更高的舞台，准备自费到天津美院学习油画。可是，对于刚刚走出校门的阎士杰来说，这笔进修的费用太过高昂，他为了赚钱交学费，只好去外面闯荡一番。阎士杰决定做装修生意，虽然不知道最后结果会怎么样，但是他觉得不冒一次险，就对不起自己。1987年，他花费许多唇舌才借到1000元人民币，开办了一家装修公司。

由于阎士杰长时间受到专业艺术的熏陶，因而他拥有比平常人更独到的眼光与更专业的水准，以美术思维把装修当绘画一般对待。阎士杰的装修公司开始远近闻名，许多人慕名前来，甚至当时的邢台市市长都亲自前来聘请他去设计并装修机场候机室。只不过，限定他在一个月内完成装修任务，否则，就可能耽误飞机的正常通航。

阎士杰答应了市长的要求，并认为这是对自己能力的一个挑战，他想要去冒险。之后，他带领自己公司的所有员工，不分昼夜地在机场进行装修工作，整整忙碌了一个月，当装修完工的时候，他与自己的员工都已经疲惫不堪了。

当然，自从改建飞机场候机室的工程完成后，上门找阎士杰装修的单子如雪花般飞来，他在赚钱的同时，也不忘向外扩展，他的原始积累仅仅用了几年时间就完成了。

后来，阎士杰又为自己订立了更远大的目标，他凭借自己的

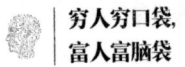

才华与努力,在工作中大胆冒险,最终成就了自己的人生。

阎士杰的成功经历说明这样一个道理:一个人有时需要冒一下险,说不定机会就在不远处向你招手。不试一试,不闯一闯,怎么知道不会成功呢?

脱贫致富经

这个世界上从来没有平稳的成功,那些不敢走没走过的路、不敢做没人做过的事的人,成功的大门永远不会为其敞开。只有敢于在新领域闯荡并有一番作为的人,才能有更多的机会改变自己的人生,实现自己的梦想。请记住:成功往往垂青于敢于追"险"的人。

第七章 胆识
穷人靠心机，富人玩胆识

要成功地赚大钱，非得有自信不可

无论是工作还是生活中，遇到需要挑战的事情，有的人打退堂鼓，没有底气地说："这太难了，我不可能做到。"相反，另外一些人胸有成竹，声音洪亮地说："这很好解决，我一定可以完成。"由此可见，成功与否，是穷还是富，一个关键的因素就是你有没有足够的自信。

我们现在使用的一切高科技产品，如手机、电脑、冰箱等，当它们没有出现之前，大多数人都将之当作"天方夜谭"或无法实现的幻想。

美国著名汽车工程师与企业家亨利·福特下定决心将T型车上发动机的汽缸进行改良。他对自己的工程设计师团队说道："我想要得到一个8个气缸铸成一体的引擎，希望大家不要让我失望。"然而，当时所有的工程师都认为他在痴人说梦，即便他是老板，众人还是劝说他尽快打消这个疯狂的念头。

福特静静地听着工程师们的抱怨，大家说完后，他才用无可辩驳的语气强调道："我不管你们有什么想法，可是，我就要生产这种引擎。"

"但是，"他们回答道，"这是不可能的。"

这时候，福特更加坚定地说道："相信我，我说能，就一定能。另外，我希望你们能把这项工作坚持到底，不计任何代价，我只想要满意的结果。好了，大家一起工作吧！"

工程师们听完福特的这席话，仿佛被他的自信所感染，于是更加卖力地投入到工作中。更重要的是，他们不愿意失去这份工作。可是，半年后，他们的研发工作毫无进展，一年后，他们依然没有研制成功。他们都感觉自己的努力都付诸流水了，这也让他们坚信完成这项任务是"不可能"的事情。

临近年关的时候，福特询问工程师们的工作进展，他们纷纷都说"太难了""这是一项不可能完成的工作"。福特却命令道："继续工作，直到完成为止！不过，我希望大家和我一样相信，这是一项能够完成的任务。"

最后，福特和他的工程师们终于研制出了铸在一起的8个气缸的引擎，并将这种引擎发动机安装到了他们生产的汽车上，将竞争者们远远地抛在了身后。

一个总说"我不行"的人，再好的机会到来，也会因为他不相信自己，不敢轻易去尝试，而失去品尝成功的喜悦。

脱贫致富经

要想有好的发展，"我不行"这3个字最好不要再说出口，尤其是面对机会的时候要自信地喊出"我能行"。自信是助人成功的坚强力量，有了自信，才会坚持自己的信念，才会对自己的目标和理想不离不弃，才会最终到达成功的彼岸。无论何时，无论何地，自信的人都会坚定自己的信念："我能成功，我一定能够成功！"

第七章 胆识
穷人靠心机，富人玩胆识

把人生活成传奇，而不是一句废话

有些人之所以能够赚取更多的财富，是因为他们面对困境的时候，不会灰心丧气，总是迎难而战，有一种"不达目的，誓不罢休"的精神；相反，如果一个人只要遇到点儿困难就唉声叹气，知难而退，即便机会来了，也会和他擦肩而过。

著名导演李安近年来可谓是一个家喻户晓的人物，然而，很多人看到的是他走上领奖台时的风光无限，却不知道他为了实现自己的事业理想，多年来默默无闻地奋斗，从未放弃。

很多人都梦想着进入好莱坞发展自己的演艺事业，李安也将此作为自己的奋斗目标。从他在伊利诺伊大学攻读戏剧开始，就表现出了对编导工作的浓厚兴趣，攻读研究生时，他精心准备的毕业作品，还获得过当年的最佳影片奖。当然，这离他想要的成功还很远。

后来他遇到一家经纪人公司，对方承诺将他包装推入好莱坞市场，这让李安喜出望外。但是这个世界上又怎么会有"天上掉馅饼"的事情呢？李安很快发现自己被骗了，于是他只好又回头继续写剧本。

这样一写就是六年，人生能有几个六年呢？幸运的是，李安的六年忍耐和付出终于有了回报。1992年他导演的电影《推手》

放映后受到了极大的好评,获得了亚太影展最佳影片奖。这对李安来说,是一个莫大的肯定。当记者采访他时,他说:"六年不是一段很短的时间,如果不是有超强的忍耐力,有坚定的信念支撑我,我早就已经消沉了。"

李安用他的亲身经历告诉想成功的年轻人:当我们身处逆境的时候,千万不要表现出焦躁不安、惊慌失措或是盲目挣扎的样子,而是要勇敢地迎接挑战,勇于和命运作斗争,只有这样,我们才能守得云开见月明。

当穷人看到能够改变自己贫穷命运的机会时,首先想的是付出有可能得不到回报,而不是迎难而上,抓住机会并不惜一切代价摆脱贫困的"帽子"。如果李安遇到困境就轻易放弃自己的梦想,那么,他也不会拥有现在的成就与社会地位。

那些成功人士并不是天生就具备赚取财富的能力,而是哪怕遭遇再大的挫折,他们也会认真地生活与工作,即便本身存在各种各样的不足之处,他们也会坚守目标不放弃。当人人都羡慕李阳的流利英语时,谁又曾想到他也有英语成绩不及格的时候?正是因为他遇到困难不放弃,坚持找出适合自己学习英语的方法,才获得成功。

人们总是关注梦想是否远大,而忽视通往梦想的途中将会遇到的各种艰辛。特别是当突然遭受重大挫折时,大多数人总是会选择放弃,只有极少数的人选择坚持。要想成为富人,行动远比话语更重要。

亚伯拉罕·林肯曾经说过:"在所有人心目中,都存在一个这样的使命感:勇往直前。每一个人都需要通过努力奋斗来完成人生的目标,而我,始终相信自己一定能做到。"从这段话中,人们能真切地感受到林肯那勇往直前、永不认输的王者气质。

纵观林肯的一生,充满了坎坷:9岁时,深爱他的母亲去世;

第七章　胆识
穷人靠心机，富人玩胆识

15岁时他才开始上学读书；24岁时，他经商失败，并因此背负了巨额债务；26岁时，未婚妻安娜因病去世，带给他沉重的打击，精神一度崩溃；随后，他又参加多次竞选，却惨遭失败。值得欣慰的是，在历经了这些艰辛之后，1860年，51岁的林肯终于成功当选为美国新一任总统。

　　竞选美国参议员失败后的林肯曾说："此路破败不堪又容易滑倒。我一只脚滑了一跤，另一只脚也因而站不稳，但我回过神来告诉自己：'这不过是滑一跤，并不是死掉都爬不起来了。'"

林肯一生的经历足以让人们明白这样一个道理：遇到困难，不到死亡的那一刻，就决不退缩。

　　林肯的经历远比许多普通人更加悲惨，可是，即便命运给他一次又一次重创，他还是不甘心做一个平凡的无用之人。为何"穷人"林肯最后能登上美国总统的宝座，并且受到万人敬仰？其实，道理很简单，他明白穷人变成富人的最大特质——知难而战。

　　面对新奇的事情时，有的人不敢轻易去尝试，因为他们害怕承担失败的风险，更是担心自己不能持之以恒地坚持完成一件事，所以，他们注定变成一事无成的穷人。而有的人喜欢尝试各种新奇的事情，将之看作一次难得的机会，愿意为了有可能成功的机会付出一切，相信"不成功便成仁"，更重要的是，他们相信自己，喜欢享受迎难而上的激情。这样的人，更容易受到幸运女神的眷顾，收获成功和更多的财富。

脱贫致富经

一个人的命运向来掌握在自己的手中,如果你对自己的现状感到不满,不妨参考以下建议,希望对你的改变有所帮助。

1. 敢于知难而战,勇于去冒险。

2. 不要总是单纯地把目光盯在富翁们的口袋上,而要更多地去关注他们对待磨难或挫折的态度和采取的应对措施。

3. 每个人都有特长,可是,并非所有人都能发现并利用好自己的特长。困境能够带给我们发现自己特长的机会,所以,我们要做在逆境中飞翔的老鹰,而不去做在顺境里生活的家禽。

4. 明确自己的目标,相信自己一定会成功,当困境来临时你要有战胜的信心。正所谓"置之死地而后生",在绝境中寻找生机,把困境当成锻炼自己的机会。

5. 不要被他人知难而退的行为所影响,相信自己,哪怕遇上困境也要知难而战,也许别人做不到的事情,自己就能轻易做到。

第七章 胆识

穷人靠心机，富人玩胆识

克服心理障碍就会顺利度过危机

在现实生活中，人们都向往自己的生活能够一帆风顺，而不是危机重重。可是，却往往事与愿违。事实上，我们随时随地都面临各种各样未知的危机，所以，当危机出现的时候，我们只能选择用怎样的态度面对它。

遇到危机的时候，有人总是唯唯诺诺，抱怨吐槽或自暴自弃，用消极的态度去逃避危机；有人却能很快地振作起精神，勇敢地面对危机，并懂得化危机为转机。

老子在《道德经》中说过："曲则全，枉则直，洼则盈，敝则新，少则得，多则惑。"孙子在《孙子兵法》中说："乱生于治，怯生于勇，弱生于强。"明代刘伯温说："蓄极则泄，闷极则达，热极则风，壅极则通。"这说明如果危机发展到了顶点，就是转机的开始。

美国的唐纳德·特朗普是世界上鼎鼎大名的商业巨子，坐拥亿万身家，房地产、赌场以及娱乐等领域都做得风生水起、有声有色。像所有的富豪一样，特朗普也曾经历过众多波折与磨难，但是，他面对危机的时候，懂得运用自己的智慧与毅力去慢慢化解。

特朗普最初经营房地产事业时，可谓一帆风顺，在极短的时间内就积攒了大量财富，这让他信心倍增，也有了更大的野心。慢慢的，他认为房地产这个行业已经不能满足自己了，于是，他开始将自己的事业拓展到赌场、航运、运动等行业中去。此外，他还著书立传，出版了《做生意的艺术》《特朗普：如何致富》等书籍，都成为了年度畅销书，刚进入职场的青年人争相购买。

可是，当他几乎功成名就的时候，危机也突然到来。20世纪90年代初期，因美国房地产业低迷，特朗普手中的房地产开始大幅贬值，收入骤减，几乎面临倒闭的风险。特朗普的个人资产也从最先的17亿美元下降到5亿美元。那段时间，特朗普为了保住自己的产业，常常需要调度周转资金，最后竟然背负10亿美元的高额债务。

当时，大多数人都默默期待观看特朗普这个商业巨子轰然倒塌的情景，可是，从不认输的特朗普决不允许别人看自己的笑话。他快速召集各大银行的负责人举行会谈，商讨将他预备还款5年的计划暂时冻结。并且，他毫不畏惧地说道："如果你们选择继续支持我，那么，我将来一定会回报给你们这些金融机构更多的利益。可是，如果我宣布破产，那么你们所有银行都会因此遭受严重损失。"说这句话的时候，特朗普好像忘记了自己才是那个债台高筑的人。

这些曾经贷巨额款项给特朗普的银行负责人突然意识到，如果特朗普破产了，那么，他们不仅失去巨额利息，甚至有可能收不回本金，因而，各大银行陆续与他签订暂缓支付部分贷款利息的决议。

在那之后，特朗普花费了5年的时间，经过一系列艰苦奋斗，又一跃成为世界闻名的富豪兼企业家。那些曾贷款给他的银行同样收获了不菲的利益。

当特朗普面对重大危机时，他选择了在第一时间勇敢地出面调解并化解

第七章 胆识
穷人靠心机，富人玩胆识

危机，而不是逃避危机，选择向命运屈服，所以他是富人。

当危机来临时，除了积极应对外，还需要具备提前预知危机的能力，将危机彻底扼杀在萌芽阶段，或者提前做好应对危机的准备工作，如此一来，就能将危机造成的损失降到最低。

20世纪80年代刚开始的时候，沃尔特斯刚刚接掌英国石油公司，成为新的掌舵人。当时，大多数工人知道公司遇上了一些困难，可是，谁都没有料到这是一场前所未有的重大危机。

事实上，早在1973年石油公司出现首次危机的时候就埋下了隐患，只是被逐渐上升的石油价格创造的急速增长的利润表象掩盖住了。当时还在北海挖掘出了一个油田，因此所有工人都沉浸在未来一片美好的幻想中，忽略了在不久的将来将要面临的重大威胁。

可是，沃尔特斯却在陈旧的公司管理体制下预感到了未来将会发生的严重危机，决定为应对未来可能出现的危机做全面的准备工作。都说"新官上任三把火"，沃尔特斯也是如此。他刚刚上任没几天，就勇于打破陈旧的"金字塔"式体制，因为这种体制过于死板，几乎跟不上日新月异的社会发展。另外，这种旧体制还大大限制了员工个人的能力，公司根本不能对未来，哪怕是下一个星期作出一个全面的预测。对于石油公司来说，急剧膨胀的能源需求以及迅速短缺的能源资源是很危险的。

因此，沃尔特斯对公司上下提出了"英国石油公司没有不可逾越的人""公司的发展倚仗众人的智慧，尤其到了危急关头，众人的智慧就会尤为重要"等突破性观点，他将公司的"金字塔"式管理模式向"太阳系"式过渡，把公司总裁的身份比作分公司运行的"太阳"，将各个分公司比作围绕"太阳"沿着自己轨道运转的"行星"。如此一来，他就调动了整个公司员工的工作热情，大家纷纷贡献出自己的智慧，以帮助公司做出更好的投资决定及市场预测。

事实证明，英国石油公司正是因为沃尔特斯在危机出现之前做足了准备工作，才使后来的危机得以顺利化解，并且确保了后来几十年的收益稳定增长。这一切，都是因为沃尔特斯能够预知未来危机并提前做好应对准备。

脱贫致富经

当危机到来时，不管你是选择逃避还是忽视，都不能改变危机已经发生的事实。但如果你能在第一时间就选择积极应对危机，制定出应对危机的策略并迅速实施，也许还能化危机为转机。可是，如果你只是一味地逃避，不但避不开危机，还可能让危机进一步恶化，最终演变到不可收拾的悲惨地步。

如果你有发家致富的念头，那么，就请把危机看作一次难得的机遇，积极地面对，或许你能从中学到很多在顺境中无法学到的东西，相信这一点也会让你比一般人走得更远，也更容易成功。

第七章 胆识
穷人靠心机，富人玩胆识

懂得分享，更容易获得成功和财富

富人大多明白这么一个道理：如果只是一个人享受成功的果实，那么就不会有人愿意继续与你合作，所以要懂得分享，善于修路。而过惯穷日子的人一旦获得了一笔意外之财，总是像"守财奴"一样紧紧抱在自己怀中，不愿意与别人分享。

有这么一个故事：

一个名叫周华的人将店铺开在了城中的一条商业街上。当他刚刚搬来的时候，就看到地面凹凸不平，还有许多残砖乱石到处堆放，显得破败不堪。

周华很奇怪地询问邻家的商铺老板："为什么这条街道的道路这么难走呢？"

那个商铺老板说道："你不要看不起街上堆的这些碎石，其实它们很有用。因为这条街上的生意难做，这些碎石就能使路过的行人慢下来或车辆减速，如此一来，人们就会停下来买东西，我们才能赚到钱。"

周华听后，非常不赞同这种说法，于是，他不顾四周商家的劝说和阻挠，坚持请人将这条道路的路面修得平平整整，还将那些"拦路"的石头都扔掉了。奇怪的是，当路修好后，这条街变得车水马龙，十分热闹，街上的所有商铺的营业额都有所增加。

许多商家疑惑地问周华这究竟是怎么一回事,周华笑了笑说道:"当道路坑坑洼洼的时候,人们就会心生怨怼,尤其到了下雨天的时候,人们更是宁愿绕远路也不愿意走这条路,久而久之,行人减少了,我们的东西又能卖给谁呢?当道路修好后,人们自然愿意走这条'好'路,我们的商机也更多了。"

穷人总是不思变通,对任何事情都担惊受怕,唯恐自己遭受损失。实际上,事情本身并不可怕,只不过他们喜欢在自己的心上摆上许多乱石,这才让自己无法发家致富。如果他们肯把自己心里的乱石全部清出去,积极地为他人铺路,很可能就会时来运转,名利双收。

商业巨子古耕虞曾经说过:"生意人只顾自己赚钱,而不想着让别人和自己一起赚钱,就算不上什么好的生意人。"

在当今社会,商人的地位早已今非昔比。商人都需要混迹于商业圈,所以,免不了要与人打交道。想要更好地混迹于商业圈,就需要建立自己的人际网,其中有生意伙伴、好朋友或好助手。有人说:"方便别人的时候,也方便了自己。"商业活动中更是如此。利益是相互的,古耕虞曾对人反复说道:"商人在与人交往的时候,一定要提前算清楚自己能够获得多少收益,但是,不管你怎么算计,千万不要忘记让对方也能赚到钱,至少能让他保住本金。如果你算计得对方亏本,那么,就没有与他下一次打交道的机会了。"

古耕虞向来说话算话。有一年,有位中间商准备到川北地区收购1万多张羊皮,去找古耕虞借钱。没想到,这个中间商购买的羊皮在运输途中突遭大雨,损失惨重。中间商无可奈何之下只好去找古耕虞商议。古耕虞在心里计算了一番,意识到如果自己现在向中间商追债,那么这个中间商一定会宣布破产,甚至想不开自杀。于是,古耕虞非但没有追债,又另外借给中间商一笔钱,让他立即前往川北地区

第七章 胆识
穷人靠心机，富人玩胆识

再购买一批羊皮。这一次因为中间商收购了许多好羊皮，运往上海后赚了一大笔钱。原本中间商要亏损许多钱财，结果因为古耕虞的大度帮忙，反而盈利更多，这件事让那位中间商对古耕虞感激不已。

中国的火柴大王刘鸿生曾说过这么一句话："如果你希望赚到更多的利益，那么一定要让你的同行、跑街以及经销商赚到一些利润。只有那些愚蠢的商人，才会只想自己发财，让他人都倒霉。"

脱贫致富经

怎么能像富人一样"善修路"呢？

1. 帮助别人，各取所需

如果你想获得更多的快乐，最好是首先带给别人快乐；如果你想要获得他人的爱，那么你就应该首先去学习爱人；如果你想要获得别人的关注，你就要首先学会关注他人；如果你想要生活得富足，那么你也需要帮助他人获得富足的生活。

2. 养成习惯，随时赠予

也许，你应该学会一种习惯，给那些曾经帮助过自己的人赠送一些礼品，也许，你赠送的礼物微不足道，可是这毕竟代表自己对他人的感恩之心。

3. 赠人玫瑰，手有余香

养成帮助别人的好习惯后，你会突然意识到自己充满了积极的力量，做任何事情也会变得更加顺畅。你会受到更多人的欢迎与支持。

穷人穷口袋，
富人富脑袋

越是优柔寡断，离成功的殿堂越远

当遇到一些大事时，穷人总是不能在第一时间做出自己的决定，往往犹豫不决，瞻前顾后，优柔寡断，拿不定主意，无法预料事情的走向是好还是坏；富人却能够当机立断，马上做出自己的决定，并且敢于承担事情发展带来的一切后果，即便出点小差错，也不会影响全局。

在日常生活中，总是能听到穷人说："别着急，毕竟这么大的事情，我还需要时间去思考！"然而，连续几天都不愿意行动。实际上，事情远远没有想象的那般复杂或难以解决，不如停止思考，勇敢地选择一个方向开展行动。毕竟时不我待，机会不会总是站在原地等着你！

美国有一个叫杰克的业务员前去西部地区，拜访住在某小镇上的一位房地产商人，他此行的目的就是将"销售及商业管理"的课程向这位房地产商人做一个大致的介绍。杰克到达房地产商人的办公室时，看到这名房地产商人正在一架古老的打字机上写信。杰克做了一番自我介绍后，开始向房地产商人推销"销售及商业管理"这门课程。

当杰克介绍课程的时候，那位房地产商人很感兴趣地听着。只不过，他不发一言。杰克只好问："您希望参加这门课程，我说得对吗？"

这位房地产商人漫不经心地回答说："哎呀，我本人并不知

第七章 胆识
穷人靠心机，富人玩胆识

道自己想参加还是不想参加。"

这个房地产商人没有说谎，因为绝大多数人在面对新兴事物时都是犹豫不决，很难做出一个决定。杰克非常清楚这类人的心里在想些什么。他准备要离开的时候，突然说了一通让房地产商人震惊不已的话。

"我接下来的话，也许你有些不能接受，不过，我认为这些话将会对你有一定的帮助。"杰克停顿了一下接着说道，"首先，我看到你的办公室杂乱不堪，地板充满脏污，墙壁布满灰尘，就连你的打字机也是陈旧不堪。另外，你身上的衣服很脏，也很破旧，你脸上胡子拉碴，我从你的眼中看到，你是个失败者。在我看来，想必你的家人也在吃穿方面不太讲究，也许你的妻子对你抱以很多的期望，可是，很显然，你让她失望透顶。请记住，如今的我并不是在向将要走进我们培训课的学生讲话，我告诉你，即便你愿意拿钱去上课，我都无法接受你这样的学生。因为我相信，即便你去上课学习，也不能发挥出它的能力，因为我们的学生都不是失败者。

"现在，我告诉你，你失败是因为你没有做出决定的能力。在你的一生中，你习惯于逃避责任，无法做出决定，结果到了今天，即使你想做些什么，也办不到了。

"如果你能现在告诉我你的决定，你参加或是不参加这个课程，我会十分同情你。因为我心里清楚，你就是因为没钱才如此犹豫，但你并没有打算将这个原因说出来，而是说自己不知道该不该参加这个课程。你已习惯了逃避做决定，无法对影响你生活的事情做一个明确的决定。"

这位房地产商人听了杰克这些尖刻的话，呆呆地坐在椅子上，没有反驳，眼睛也因为惊讶睁得大大的。这时，这位业务员向呆坐在椅子上的房地产商说了声"再见"，就走了

·175·

出去，并关上了房门。但是，他又再次打开了房门，面带微笑地走了进来，并在房地产商面前坐了下来，房地产商吃惊地看着他。他说："我刚才的批评或许伤害到了你，但我倒是希望能触怒你。现在，我郑重地告诉您，'我十分确信你很有智慧并且有能力，但十分不幸，你养成了一种令你失败的习惯。然而，我相信你能够再一次站起来，只要你原谅我刚才说过的那些话。"

"亲爱的先生，你的成功不会在这个小镇，而且这个小镇也根本不适合从事房地产生意。你现在需要赶快替自己找套新衣服，即使向人借钱，然后跟我去一个地方，在那里，你将会结识一些房地产商人，他们会提供你赚钱的机会，还会教你一些这方面的注意事项，你以后肯定能用得到，你愿意跟我来吗？"

听了业务员的一番话，房地产商人竟然大声地哭了起来，他努力地站了起来，同业务员握了握手，表示同意随他一起去参加"推销与商业管理"课程。

过了两年，这位房地产商已经是拥有100名业务员的大公司老板了。他还亲自指导其他业务员的工作，在每一位准备到他公司上班的业务员被正式聘用之前，他都会把自己的转变过程告诉这些新人，鼓励他们踏实工作。

做事优柔寡断，下不了决心，其实就是在浪费时间，更是浪费机会，它会让你与成功擦肩而过。优柔寡断的做事方式会腐蚀心灵，慢慢地腐蚀你的决心和干劲，让你最终一事无成。

如果你养成这样一个好习惯——做出决策后坚决执行，不给自己留多余的时间更改，那么渐渐地你就会拥有最佳的判断力去做决策。

第七章 胆识
穷人靠心机,富人玩胆识

 脱贫致富经

以下几条心理建议,能够帮助你解决优柔寡断的问题。

1. 培养自己自立、自强、自主的性格和意志。

2. 经常开动脑筋,多学习勤思考,能够让你在决策的关键时刻果断地做出正确决定。

3. 遇事冷静思考,排除外界繁杂的干扰和不良暗示,稳定好情绪,理智地分析问题,亦有助于培养果断的意志。

第八章 行 动

穷人搏运气，富人靠行动

很多渴求财富的人总是站在财富的山脚下抬头观望，一边观望一边叹息：我怎么就没有这么好的运气。却从没想过用实际行动主动争财富。看着别人的成就，许多人抱怨自己没有背景，学历不高……可你是否知道，就在你空想抱怨的时候，有多少条件还不如你的人已经付出实际行动主动出击，你缺的就是行动力。

穷人穷口袋，
富人富脑袋

没有谁的成功和财富是空想出来的

　　世上没有免费的午餐，天上也不会掉馅饼。财富需要一点点积累，不是靠凭空想象就能得到的。致富的最好方法就是脚踏实地去做，不要妄想一口吃成一个胖子。穷人应尽早从一夜暴富的幻想中醒悟过来，依靠自己的智慧去赚取财富。

　　对任何人来说，财富就像一个诱人的苹果，谁都想咬上一口。但是一夜暴富只是一个神话，即使成真，也只是偶然。偏偏有的人深陷在美梦中无法自拔，把那种暴富的事当作正当生意。所以，有的人只是妄想财富，有了机会也不会把握；而有的人却能从理智出发，有计划地积累财富，从而获得更多的财富。

　　相信大家都听过渔夫和金鱼的故事。它说明了一个道理：妄想不劳而获的人，最后很可能什么都得不到。

　　很久以前，一个老头儿和他的老太婆搬到大海边居住，他们在海边建造了一所小木屋，老头儿每天出去撒网打鱼，老太婆天天在家纺纱织线，等着老头回家。

　　有一天，老头儿捕到了一条金鱼，这条漂亮的金鱼是海里的公主，她有一种神奇的魔法，能帮助人们实现各种愿望。老头儿是个善良的老人，他没有向金鱼公主许任何愿望，就把她放回了海里。但是，老太婆知道了老头儿这种"愚蠢"的行为

第八章 行动
穷人搏运气，富人靠行动

后，硬逼着老头儿去向金鱼公主索要她的愿望，需要一个新木盆。金鱼给她变出了一个新木盆。但是老太婆见这么容易就满足了她的愿望，于是让老头儿再去向金鱼公主要一座更大的木房子，好让她睡得更舒服些。第二次，金鱼又满足了老太婆。慢慢地，老太婆变得贪得无厌。

第三次，得寸进尺的老太婆表示她不甘心再做一个平凡的老太婆，要做贵妇，金鱼公主同样满足了她的要求。老太婆做了一段时间的贵妇后，又不满足了。她要求做能统治全国的女皇。

第四次，金鱼公主又满足了老太婆的要求，让她做了全国的最高统治者——女皇。金鱼公主一次又一次地满足了老太婆的各种要求。

第五次，老太婆声称她已经不满足再当女皇了，她希望能做海上霸主，并且要金鱼公主随时听候她的差遣。这一次，金鱼公主不再满足她的愿望，并把以前的一切都收走了，她又变成了那个在海边纺纱织线的老太婆。

老太婆妄想一夜暴富，最终还是落了个一无所有。诚然，有人因为买彩票、玩股票转眼间获得一大笔钱，但是有钱之后怎么样了呢？因为这些钱来得太容易，就容易让人失去平衡，产生错觉，以为世界上的事就是这么简单，发财是理所当然的。于是，这种人变得挥金如土，只顾享受，不懂经营，不会支配，结果发财梦破灭，甚至还搭上了自己的前途。现实中并不乏这样的事例。而富人，特别是那些白手起家的人，大都以勤劳的双手和智慧的头脑来缔造成功，他们排除万难，付出了非凡的代价，他们懂得劳动的艰辛，所以有钱后，他们仍然不会迷失自我，不会被财富冲昏头脑，他们珍惜眼前来之不易的劳动成果，不会轻易地去挥霍，而且会更加努力地巩固自己辛辛苦苦建立起来的财富城堡。

孟乔波14岁时，家境贫寒，不得已而辍学。为了不让自己饿肚子，她在湖南益阳一个名叫衡龙桥的小镇上摆了一个茶摊——一张桌子，一个大壶，茶水一毛钱一杯。她人小，摊位也小，一点儿都不起眼，以致有时一天下来连本钱都挣不回来。

如果就这样灰溜溜地撤走，她十分不甘心，别人能赚到钱，她坚信自己也一定能赚钱。后来，她将杯子换成比别人的大一号，为了遮挡灰尘，她还仔细地在每只杯子上放了一块玻璃片。客人喝完了，她就赶紧上前问问够不够，不够再添不要钱；客人一放下杯，她总是仔仔细细洗杯、添水、盖玻璃片……大家认为她的茶水卫生，而且喝得过瘾，口耳相传，渐渐地，光顾她摊子的人多了起来。

孟乔波17岁那年，原来的同行大多嫌卖茶水辛苦，还不赚钱，于是纷纷另谋出路去了。可她不想半途而废，开始卖保健茶，并把自己的摊点挪到了益阳城里，因为当地有风味擂茶的传统。起初，孟乔波的生意并不景气。不过当她改用比别人"胖"一圈的碗后，顾客开始不断增多。与此同时，她利用空余时间配制出多种口味独特的擂茶，以满足不同茶客的需求。就这样，孟乔波的茶水生意开始变得红火起来。

20岁时，孟乔波仍坚持在卖茶。不过此时她已来到长沙，有了自己的小店面，而且布置得比较人性化——店中央摆着根雕茶几，一旦有客人进门，她必定会耐心地泡上热乎乎的茶请人免费品尝；店的一侧设有卫生间，凡是过往行人都能免费如厕，之后如果人家不赶时间，还能喝上一杯她亲手泡的香气浓郁的茶水。客人尽情享受之后，临走总会或多或少买一两包茶叶。即使是买不起茶叶的人，也能得到她的同样款待。就这样，孟乔波凭借着自己周到的服务，赢得了更多的客人，大家都非常喜欢到她店里来，她也培养了一批品茶人。

功夫不负有心人，孟乔波的付出终于得到回报，她不仅拥有了越来越多的顾客和朋友，而且还通过朋友的帮助，开始在其他城市开茶庄分店。如今，她已经拥有40多家茶庄，遍布国内西

第八章 行动
穷人搏运气，富人靠行动

安、上海、长沙、深圳、香港等大城市，甚至还把茶庄开到了新加坡，成为名副其实的富翁。

孟乔波的致富经历，反映出一个道理：财富要靠不断地点滴积累，而不是空想出来的。

想要成为拥有财富的人，只有一个空想的脑袋是没有任何用的。如果你为了追求财富，开始行动了，那么祝贺你，你已经踏出了坚实的第一步。

脱贫致富经

如果你想摆脱空想，实现理想，你可以参考以下建议：

1. 在记事本上写下自己的财富梦想，仔细识别哪些梦想是可以慢慢实现的，哪些是不切实际的空想。

2. 找周围的亲友或是在相关方面有经验的成功人士谈谈，让他们帮助识别并校正其中不切实际的部分。但要有自己的判断力，不能因为他人的议论就随便放弃自己的想法。

3. 当不切实际的空想在大脑中出现时，要自我克制，暗示自己有效的行动才是实现理想的唯一途径。如果不行，就去附近的花园走走，看看外边的世界，放空脑袋。

4. 不断细化梦想。把自己有价值的梦想不断细化，小的梦想更容易实现，也让你更有动力。

穷人穷口袋，
富人富脑袋

敢说也要敢做，光说不做梦想就是空想

现实生活中，一部分人觉得人靠一张嘴活着，认为"做得好不如说得好"，还有一部分人的观点却恰恰相反，认为"说得好不如做得好"。只有做了，才能知道自己能不能成功地实现愿望和理想，因为只有在做事的过程中才能发现具体存在的问题、实施方案的优缺点，找到有针对性的解决方案，最终获取成功，收获财富。

有一些人嘴皮子比谁都动得勤，说话头头是道，可是总也做不好自己的事情，或是根本就不去行动。

田欣是北京某电脑公司的一名职员，长得漂亮，在大学同学眼中，她是一位收入不错的"白富美"。可是她有一个人人都知道的缺点，一旦开了话匣子，就没完没了，甚至是忘了手边的重要工作。每天早上一到办公室，就能听见她喋喋不休的说话声。而且不论大家在说什么话题，她总能插得上话，即使她完全不了解大家的话题。时间一长，公司同事都知道了她爱说话的毛病。

刚开始大家和田欣相处得还算融洽，可是到了后来，气氛就变得不一样了，同事竟然在她面前不敢说话。田欣说话越多，其他同事说得越少，生怕受到上司批评，被扣奖金。业务能力不强的田欣总是说一句话："如果我负责这个项目，带来的效益恐怕更大。"当上司交给她某项任务时，她总在上司面前立下口头

第八章 行动
穷人搏运气，富人靠行动

誓言，可就是缺少实际的行动，并用各种各样的理由应对领导的质问。在年终考核时，同事都有不同的奖金，田欣什么奖励也没有。可是，她并没有意识到自己的只说不做带来的严重问题，最终失业了。

其实，任何一家公司的领导都不会把那些只把事情停留在口头上的员工留在公司，他们欣赏的是有实际能力的行动者，做得多比说得多重要。

王强毕业于名牌大学中文系，毕业后，他在北京的一家出版社做编辑。由于家庭背景不好，他一心想干一番事业，摆脱自身的贫穷，可是一开始就被领导安排做校对稿件的工作，这对技术没有任何要求。其实，这是领导对他意志力的测试，可王强却认为自己是名牌大学毕业的大学生，校对简单的书稿简直大材小用，因此，他工作时提不起精神，校对书稿也是错误百出，领导对他的表现很不满意。鉴于王强日常的工作表现，领导一直没有提拔他，仍然让他继续从事每个月只有3000块钱的校对书稿的工作。

和王强完全不同的是，他的同班同学薇薇，毕业后也应聘到一家出版社，开始从事的也是和王强一样的一些简单且没有任何技术含量的校对工作，但薇薇没有觉得自己大材小用，勤勤恳恳做事。在薇薇眼中，有很多需要学的东西，即使最简单的校对工作，也能磨砺自己。薇薇在出版社磨砺了一年，勤勤恳恳地工作，最终被公司委以重任，担任发行部总监，工资也提高了很多倍。

薇薇的工作与成就都是靠自己踏踏实实做出来的，而不是靠嘴上说出来的。只有踏实肯干的人才可能被人赏识，受上司提拔，最终有出人头地的一天。

脱贫致富经

有些人之所以在追求财富的路上被打败,原因是他们缺少只做不说的品质,总是一味喋喋不休地动嘴上功夫。而财富情有独钟的一直是踏实肯干的"实干家",而不是嘴上滔滔不绝的"口才家"。因此,想要获取财富,取得成功,就要做一个名副其实的"实干家"。

第八章 行动
穷人搏运气，富人靠行动

摆脱穷困，过程比结果更重要

有人说："人生的意义就在过程上。你要细细体会这过程中的细节。无论它是一节黄金或一节铁，你要充分认识每节的价值。"

在过分追求结果的现代社会，很多人忽视了过程，其实，过程往往是最美的。很多急功近利的人总幻想一夜之间就能变成富翁，直接省去中间的过程，因为他们总想抛弃其中让人身心俱疲的艰辛，丢掉这个累赘。

其实，过程和结果同样重要，都是人生中必不可少的财富。追求财富的过程中充满乐趣和惊喜以及宝贵的人生经验，能够寻找出巨大的物质财富的人往往能够认真把握过程的美好。

大街上，不论是年轻人还是五六十岁的长者，穿牛仔裤的人随处可见。我们能穿上时尚又方便的牛仔裤，得益于一个叫李维·施特劳斯的发明者，他是德籍犹太人。

李维·施特劳斯出身普通，他的家人中没有经商者，父亲也只是小职员。他的成长经历和大多数人一样平淡，上完中学，上大学，然后顺利毕业，在一家公司做文员。

但是，在1850年，李维决定打破平淡的生活。当时有传言在美国西部发现了大金矿，消息传得迅速，无数人千里迢迢赶到那片寸草不生的大金矿地淘金。这批做发财梦的人中就包括李维。

李维当时20多岁,每天敲敲写写的工作,他早就厌烦了,于是辞掉文员工作,加入了浩大的淘金队伍。

怀着巨大热情的李维来到美国旧金山后,他的心一下子凉了。当时,旧金山已经挤满了人。那么多的人都蜗居在一个个帐篷里。不止他一个淘金人,简直人山人海,或许金子已经被淘得差不多了。而看到眼前景象的李维退却了,陷入了深深的思考之中。

李维决定放弃淘金,放弃暴富的梦想,他的目光转向了人们忽略的淘金的过程。他通过几天的仔细观察,发现了一个致富机会:淘金者们往往待在一个地方,在帐篷里生活,但淘金地离购物中心很远,淘金者购物十分不便。李维决定抓住这个机会,做点生意赚点钱。于是他用手里不多的资金开了一家日用品小店,他的淘金目标不再是土里的金块,而是眼前的淘金者。

李维的想法是正确的。他的日用品小店刚开业,络绎不绝的淘金者挤满了小店,不久就回本了。

小小的日用品店已经满足不了大批的淘金者,李维开始扩大经营,他又采购了日用品和搭建帐篷用的帆布。这次采购的货物,没一天就被抢购一空,他又淘到一笔"金子"。但是他发现了一个问题,他的日用品卖得很快,但是帆布一直卖不出去。原来,淘金者来到此地,就准备好了帐篷,没必要费钱费力了。

李维本来以为帆布是淘金者的必需品,没想到竟然是滞销品。没人买帆布,还得往回运,就得赔本了。但是他不甘心就这么赔进去,于是他又开始了认真思索。他发现淘金者在淘金时,上衣裤子经常与地上的沙子石头摩擦,过不了几天,棉布做的裤子就磨破了,假如用这些厚厚的耐磨的帆布做成裤子,结实又耐磨,说不定会大受欢迎。而且这里还有很多被丢弃的

第八章　行动
穷人搏运气，富人靠行动

用坏的帐篷，这些可以成为无成本的原料。于是李维把堆积的帆布和捡来的帆布做成了样式新奇而且耐磨的工作裤。这种样式的工作裤一出，果然赢得了大批淘金的青睐。

1853年，第一条帆布工装裤诞生了，它以耐用、方便、舒适的优点赢得了广大淘金者的喜爱。这工装裤就是我们今天穿的牛仔裤的雏形。大量的订单一批接一批，于是，李维·施特劳斯关了日用品店，专门成立了牛仔裤公司，此后一直不断改进，李维积累的财富越来越多。事实证明，他确实从此次的美洲之行中淘到了金子。

同是去淘金，结果大部分人空手而归，满载而归的反而是卖牛仔裤的。看似偶然，其实也是必然。那些淘金者只对地下的金子狂热，恨不得一下子挖到金子，发一笔财，没有心思关注别的。而李维不同，他没有盯着地下的金子不放手，而是把发财的注意力投到了淘金过程中，寻找获得财富的机会和方法。

其实我们创造财富的过程就像淘金者的淘金过程，如果只关注创富结果，盯着脚下土里的一小块金子一动不动，没有耐心去关注研究这个过程，那不是跟大部分徒劳无果的淘金者一样吗？

所以，不要只盯着创富结果，要留心观察过程，说不定在寻找财富的过程中能发现致富机会。

不少人也许能在普通的事情或工作中勉勉强强做到观察过程、寻找过程中的机会，可是当过程一旦变得有些凶险，他们可能会选择放弃。但是，越是不容易，成功的几率就越大。

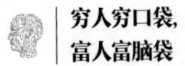

> 脱贫致富经
>
> 由穷变富，不仅要关注结果，更要注重过程，不能遗漏价值链条的每一个环节。在致富过程中，你越认真、越耐心，你就越能比别人看到更多的机会，抢先一步致富。你若想拥抱财富，成为富人，就要把过分关注结果转变成关注过程。

第八章 行动
穷人搏运气，富人靠行动

对待失败的态度决定成功的高度

面对同一件事，不同的人会做出不同的选择，比如有的人因为一两次的失败而选择放弃，从来不思考失败原因，也不总结失败经验，就这么一蹶不振，安于穷困；而有的人失败后选择重来，总结失败经验，吃一堑长一智，有了前车之鉴，保证下次不会在同一个地方摔倒。这样的人，有什么理由不成功呢？

如果把从穷到富的路比作登山，那么有些人登到一半甚至不到一半就会放弃，还有些人不怕"摔跤"，即使失败了也敢于重来。

王兵和李峰下岗后，觉得没事干，于是商量着做了代理医药的生意。不巧的是，此时赶上国家行业整顿，国家对商业贿赂的行动打击得厉害，几乎所有的医药代理都没办法在医院销售药品了。因此，他们头一次做生意，就把大量医药砸在了自己手里。看着这些药品没有销售渠道，王兵动摇了。王兵想，自己命里就没有发财的命，反正也是小本买卖，大不了赔点，自己认了。结果，王兵把手里的所有药品低价赔本卖给了药店，还发誓以后再也不做生意了。

而李峰却不一样，虽然现在看似失败了，但他也从中看到了现在营销模式的弊端。于是，李峰不再使用以往的贿赂式营销，开始认真学习正规企业的先进做法，遇到问题，向人请教，努力经营，慢慢达到收支平衡。而且，李峰十分看好医药产业的前景，他知道随着国民经济的迅速发展和人民生活水平的不断提高，医保覆盖面会越来越广，医药产业必定会蓬勃发展。于是，他运用先进的销售方式，通过名人效应和活动促销等手段，生意很快便活了。经营了半年，他每个月都能赚取可观的利润。

后来李峰在总结自己成功的经验时说："当初有很多人做医药代理，后来国家制度管得紧了，一些人干不下去就放弃了，我却坚持住了。因为我一直觉得能够靠医药代理这个道路发财致富，我不甘心自己就这么放弃了。现在想想，倒是自己成就了自己。"

艾柯卡在人生低谷时，也是靠一份不服输的傲气才成就了他的成功。

艾柯卡曾任职于位于世界汽车行业之首的福特公司，凭借卓越的经营才能坐上了福特公司的总裁位置。

然而，就在艾柯卡的事业干得有声有色的时候，福特公司的老板——福特二世辞退了他。令所有人都想不到的是，辞退原因居然是艾柯卡在福特公司的声望和地位太高，超越了福特二世，他担心有一天他的公司会改姓为"艾柯卡"。

艾柯卡的人生一下从高峰跌入谷底，他思索良久，终于下定决心离开福特公司。

艾柯卡离开之后，很多世界著名企业都邀请过他，但艾柯卡都婉言拒绝了。因为他心中只有一个目标，就是"从哪里跌倒，就要从哪里爬起来"！

最终，他决定在美国第三大汽车公司——克莱斯勒公司从头开始，而此时的克莱斯勒公司已经是危机四伏、濒临破产的公司。他要向福特二世和所有人证明自己的能力，艾柯卡的确是一

第八章　行动
穷人搏运气，富人靠行动

代经营奇才。

接管克莱斯勒公司后，艾柯卡对公司进行了彻底的改革，辞掉了32个副总裁，关闭了16个工厂，从而节省了公司一大笔开支。彻底改革后的公司规模虽然变小了，但是却精干了。另一方面，艾柯卡凭借自己那双与生俱来的慧眼，看准人们的消费心理，把有限的资金花在关键的部分。根据市场需求的指导，他看准时机，以最快的速度出击，推出新型汽车，最终与福特、通用并列，这样的经营能力一时间震惊美国。

在1983年的一场民意调查中，艾柯卡竟成为"左右美国工业部门的第一号人物"。

1984年，在一场"最令人尊敬的经理"问卷调查中，以最高票数获得"最受欢迎的经理"的称号。

在这一时期，有人曾呼吁艾柯卡竞选美国总统。如果说在福特公司时，艾柯卡是福特的"国王"，毫无疑问，在克莱斯勒的艾柯卡就是美国汽车业的"国王"。

艾柯卡之所以能创造这么一个神话，完全是由于他没有放弃自己，失败后勇敢地站起来。正是由于这种不放弃的性格，才使艾柯卡的事业更上一层楼。没有谁的一生一帆风顺，如果跌倒了就站不起来了，永远不会到达胜利的巅峰，而跌倒了再爬起来的人，才能拥抱成功。

脱贫致富经

　　成功者永不放弃，放弃者绝不成功。在这个世界上，失败只有一种，那就是放弃努力。不幸的是，总有人在做事的时候一遇困难就选择放弃，只不过有的人是一次后放弃，有的人是两次后放弃，有的人可能是几次后放弃，但是不管他坚持了几次，就因为最后一次放弃了，所以注定与财富无缘。在走向创富的过程中，在困难面前，如果能一直坚持努力，不轻言放弃，你总有成功的一天。

第八章 行动
穷人搏运气，富人靠行动

不是运气不好，是你行动太少

穷人常想：万一失败了怎么办呢？富人的想法截然相反，富人常说："虽然成功的可能性不大，但我还是要努力争取一下，万一真的成功了呢。"有一丝的机会就要牢牢把握住，不要等你有百分之百的把握时才去把握，那个时候机会早就溜走或者被别人抓走了。

"不怕一万，就怕万一"，"凡事三思而后行"这样的想法有一定的道理。无论你考虑得多么周密，风险总是会存在的，而你不去做，最后注定颗粒无收。

一天，有个路人看到农夫站在田边，问农夫是不是种了麦子。农夫干脆地回答说："没有，万一天不下雨怎么办？"那个人又问道："那你种棉花了吗？"农夫说："没有，万一有虫子怎么办？虫子总是吃棉花。"那个人终于忍不住又问："那你种了什么？"

农夫说："我什么也没种，因为我要确保安全。"

农夫只想着"万一"发生的情况，结果田里什么庄稼也没种，到头来，什么收获也没有，肥沃的田地在农夫手里变成一块毫无价值的废田。

联想集团总裁柳传志高明之处就在于，他明白任何事情都有失败的可能，这又如何呢？不争取就已经注定百分之百失败。

当联想集团独家代理AST的中国市场并完全掌握了AST微机市场控制权时，柳传志决定放弃AST，主攻联想的品牌微机。

销售人员觉得如果直接放弃AST这块有巨大利润的肥肉，实在可惜。"守着碗里的肥肉不吃，要是再捞不着锅里的，岂不是鸡飞蛋打？"

然而，柳传志为大家勾画出联想在新战场上可能出现的景象，动员大家："可以预测到三种结局——上局、中局和下局。上局是既把自己的做好了，AST也没有丢；中局是只是把自己的做好了，却丢了AST；下局是这两样都没有做好，这是最坏的结果。"柳传志的动员起到了效果。

结果，公司上下齐心协力，共同努力，现在联想微机已经成为全球的著名品牌。当年柳传志当机立断，从"万一"中争取"一万"的大将风范，造就出今天的跨国集团。

思前想后、畏首畏尾、犹豫不决的人不会受人欢迎，尤其在这个快速变化的世界里，那些畏首畏尾的人很难跟上时代的步伐。

爱迪生说："愚蠢的人才会试图用华丽的语言证明你是什么样的人，你是否有成就在于你是否有行动的习惯。一种是畏首畏尾、忧虑万千，它决定了你永远没有成功的机会；另一种是敢拼敢闯、争取成功，它注定你脚下的路必然走向胜利的彼岸。"

威廉·奥斯勒在学生时代就充满忧虑，做什么事情心里总想万一失败了怎么办，想前想后，畏首畏尾。

有一次，他在读汤玛士·卡莱里的书时，其中有一句让他深受感触："人生最重要的是不要去看模糊的未来，而是要毫不犹豫地做手边清楚的事。"这句话他深深记在了心里，而且也让他

第八章 行动
穷人搏运气，富人靠行动

养成了敢拼敢闯的习惯。因为敢闯敢拼，他成为那个时代最有名的医学家，而且创建了知名的约翰·霍普金斯医学院，成为牛津大学医学院的讲座教授。这是英国学医的人得到的至高无上的荣誉。不仅如此，他还被英国国王加封为爵士。他把自己的成就归于自己的良好习惯，并解释说："用铁门隔断过去和未来，在完全独立的今天用百倍的勇气做自己想做的事。"这句话鼓励了他的学生和成千上万正在奋斗的英国青年。

人往往担心自己前途会在"万一"中失败，不敢为自己的未来付出行动，要像威廉·奥斯勒一样积极面对现实，敢闯敢拼，才能更加快速地走向成功。

脱贫致富经

有人曾说："只有一种忧虑是正确的：为忧虑太多而忧虑。"一点儿也没错，当你为一件事忧虑时，你应该知道它只有两种结果：你忧虑的事情可能发生，也可能不发生。你不付出实际行动解决，你永远不知道它会不会成功，所以唯一解决问题的方法是行动，争取胜利。

穷人穷口袋,
富人富脑袋

急功近利是成功的绊脚石

"心急吃不到热豆腐",很多事情是急不来的。现实生活中,很多人却在做着这样欲速则不达的事情。他们为追求成功,急于求成,最后得到的结果却是相反的。

在从穷到富的探险路上,需要不断地积累经验,增加实力,此外还必须具有极大的耐心,唯有如此才能抵达目的地。有的人急着奔向目的地,不顾左右,不顾原则,更不顾什么规律,该注意的东西没注意到,甚至更应该重视的风险都没有意识到,栽个大跟斗是在所难免的。而有的人稳扎稳打,实现一个目标,才去接着实现下一个目标,因为他们明白"一口就吃个大胖子"是不切实际的幻想。

有这样一个寓言故事:

天神为了体察人世间出现的问题,便化身为菩萨下到人间。当他来到一处住户门口的时候,看到地上躺着一个流浪汉,便走过去搀扶起了他,并与之进行了对话。

"流浪汉,你怎么会沦落到这般地步?"

"我彻底破产了。"流浪汉说完伤心地哭了起来。

"哦,流浪汉,到底怎么回事?慢慢说。"

"我经营的所有生意都破产了,还欠下了很多债。"

"没有一笔生意赚到钱?"

第八章 行动
穷人搏运气,富人靠行动

"是呀,连我投入精力最大的生意都破产了,我非常伤心。"

"你找出你的生意破产的原因了吗?"

"还没有找到。"

"你是如何经营这些生意的呢?"

"当看到生意有市场以后,我便不停地扩张生意,后来我的生意扩展到了很多地方。"

"你认真分析过这些生意真的能够给你带来盈利吗?"

"没有认真考虑过。"

"你在扩张生意的时候是否做到了充分了解市场?"

"也没有。"

"那你有没有想过要扩展多大的市场?"

"没有仔细想过,我只知道要不停地开拓我的生意,让所有人都知道我。"

"你太心急了!"

"您的意思是……"

"虽然你开拓市场的速度非常快,但是你忽视了稳中求胜的规律。"

"您说得没错,我是个急性子,很迫切地想要实现我的梦想。"

"有梦想本身并没有错误,错就错在你过于着急地开拓市场而忽视了对已有市场的经营,这就是你生意破产的根本原因。"

"我知道我生意失败的原因了,您能给我个机会吗?"

"你真的渴望重新开始新的生活?"

"如果您能给我重新开始的机会,我一定会好好珍惜,脚踏实地地工作。"

"那好吧,我就给你一个机会。"

说完,菩萨从瓶子中拿出一个球状的东西。

"你把这个还原丹放在身边就可以回到以前,但要提醒你的是，如果半年之内你还没有改变现在的这种状态的话，还原丹将自动消失，你也会继续成为流浪汉。"

流浪汉如愿地回到了以前，此时的他多了几分稳重。他时刻牢记菩萨说过的话，不再像以前那样盲目开拓市场，而是脚踏实地地把生意做好。半年之后，虽然他的生意规模不算太大，却被他经营得井井有条，算是取得了成功。

流浪汉发生的蜕变告诉人们，成功的关键不在于你的速度有多快，而在于你的步伐有多稳，只有脚踏实地一步步朝前走才能获得成功。

动物王国正在举办房屋建造比赛，比赛规定，谁建造出来的房子最结实、用时最短，谁就是比赛的获胜者。为了能赢得这份荣誉，动物们开始忙碌起来。

老牛和兔子是邻居，当它们听到比赛的消息后也加入到了比赛中。兔子是个急脾气，它想尽快把房子建造出来。为了抢时间，它一开始并没有把房子的地基打牢固，而是快速地把房子搭建好。与它不同的是，老牛虽然也想赶快把房子建起来，但是它还是认真地把地基打牢，在它看来只有打好房子的地基才能保证房子更加安全。

兔子建造房屋的速度明显比老牛快很多，兔子还嘲笑老牛："老牛兄，我这样的建房速度你不可能追上，看来这次比赛的胜利将属于我。"面对兔子的冷嘲热讽，老牛并没有多说话，依旧在认真地建造房子。

距离比赛规定的期限还有一天时，兔子已经把房子建造完了。它得意扬扬地欣赏着自己的作品时，老牛还在认真地建造着房子。这天下午，忽然下了一场大雨，兔子造房子由于没有打好地基，所以它只能眼睁睁地看着自己的房子被大雨冲走。而老牛

第八章 行动
穷人搏运气，富人靠行动

的房子虽然建造速度比不上兔子，但是它把房子的地基打得非常牢固，所以大雨对它的房子没有造成任何损坏。

第二天，当老牛高兴地展示出自己建造的房子时，动物们发现兔子还在继续建造着房子。最终，老牛赢得了比赛的胜利。

其实兔子追求建造速度并没有错，但它一味地追求速度而忽视了房子的质量问题。这样的房子连风雨都抵挡不住，兔子自然不会赢得比赛的胜利。

 脱贫致富经

在个人发展过程中，提高效率把步子迈大本来并没有错，但是步子迈得大的前提是步伐要稳健。一个人如果把步子迈大而忽视了脚底下的石头，他肯定会被石头绊住并重重地摔在地上。所以说，懂得稳中求胜是一种人生态度，也是一种人生哲学。

时不我待，成功也需要速度

面对一个目标、一个想法、一个创意或是闪现的一个灵感，有人会毫不犹豫立即行动，有人却总是习惯于拖个三五天，三五天之后，谁知道这些想法、目标还在不在。

下面有一则小故事，说明了拖延致命。

传说五台山上有一种"寒号鸟"。在春暖花开之时，寒号鸟身上长满了漂亮的毛羽，美丽极了。寒号鸟懒得动，饿了也不去找吃的，就吃旁边的树叶，渴了就喝露水，很快春、夏、秋就这么过去了。

寒冷的冬天来了，由于天气十分寒冷，早已把一切准备好的小鸟们都回到自己温暖的巢里。这时的寒号鸟，毛羽全都脱落了，只剩光秃秃的肉团。夜间的温度很低，它不得已躲在石缝里，冻得浑身直哆嗦，它不停地叫着："太冷了，太冷了，明天早上我一定搭个温暖的窝！"过了一晚，太阳出来了，温暖的阳光一照，寒号鸟转眼就忘记了瑟瑟发抖的昨晚，于是它对着温暖的阳光高兴地唱着："得过且过呀，温暖的阳光下面真好呀，真好呀。"

寒号鸟就这样一天天地混日子，过了今天过明天，它的窝一直没有造好。一连好几天，都没有听见寒号鸟的叫声了，最后人

第八章 行动
穷人搏运气，富人靠行动

们在岩石缝里发现了它冻僵的尸体。

在现实生活中，有些人跟拖拖拉拉的寒号鸟一样，得过且过地混日子。他们做起事情来总是拖一天算一天，把今天的计划拖到明天，明天又拖到后天……这样一直拖下去，结果当然可想而知。

亿万富翁金·坎普·吉列就是个想到就立即行动的成功者。

亿万富翁金·坎普·吉列是世界著名剃须刀品牌——美国吉列公司的创始人。他就是一个不断拒绝借口、努力奋进的人。

因为家境不好，吉列16岁就被迫辍学，并开始打工。因为吉列没有学历也没有经验，只能做推销员的工作。

发明剃须刀，实际上是吉列偶然迸发的一个想法。而更重要的是，吉列是一个有了想法就立即行动的人。没有技术，没有相关知识，这都难不倒他。吉列立即买来了相关的工具和材料，开始潜心研究和构思这种"用完即扔"的剃须刀。功夫不负有心人，吉列终于设计出了一个方案：圆形刀柄，上方留有凹槽（可用螺丝把刀片固定），刀片夹在两块薄金属片中间，露出刀刃，保证使用时刀刃与脸部保持固定角度。

随后，吉列立即请专业人员制作出样品，虽然与设想有一定差别，但效果远远好于传统剃须刀。有了样品，却没有资金。吉列依然没有放弃，他利用自己的推销经验，开始四处寻找合作人。数周后，他终于筹措了5000美元，购买设备，建立厂房，有了自己的公司——美国安全刮胡刀公司。一年后，这种新型剃须刀终于开始批量生产。但问题又来了，产品严重滞销。很多人劝他放弃，但吉列坚持了下来。他反复琢磨产品滞销的原因，总结教训，一方面不断改进产品的质量和功能，另一方面开始大做宣传。

8年后，吉列安全剃须刀终于得到了消费者的认可。此后，吉

列剃须刀经过不断改良,遍销全世界,吉列本人也因此成为世界顶尖富豪。

在吉列这样的人身上,有这样一种精神,一个小小的想法甚至有些异想天开的创意,他也会立即行动,最后取得成功。

反过来看另外一些人,他们总是拖拖拉拉,因为一些无关要紧的小事,就把这些可能致富的机会轻而易举抛到脑后,注定与成功无缘。

 脱贫致富经

对于一些办事拖拉的人,如何有效把握时间呢?

1. 明确目标。目标是前行的方向,只有目标正确了,以后的努力才不会白费。

2. 事先拟定计划,这是把握好时间的第二步。做事前,提前拟定一份好的计划,按照计划执行,会让你有事半功倍的效果。计划的事情要分清主次,按先后顺序去做。

3. 摒弃拖延症——马上做,立刻就做。"明天做""有空再做""以后做""拖""等"这些词不能出现在你的计划中,这是最浪费时间的坏习惯。

4. 第一次就做好。在一开始,就要付出百分之百的认真,把工作做好。第一次不能把事情做好就等于白白浪费时间。

5. 今日事今日毕。每天都要按照时间表把当天的事情做完,不要留到明天,做到今日事今日毕。

第八章 行动
穷人搏运气,富人靠行动

行动是胜利者的姿态

坐等机会只能失去机会,坐等财富,也与财富无缘。如果你想取得成功并拥抱财富,就请学会主动寻找机会,用行动力创造财富,这样财富才会眷顾你。

一些人想发财,又苦于没有赚钱的途径,希望能不劳而获发一笔横财。由于这种心理而受骗导致"家破人亡"的事屡见不鲜,似乎成为一个常见的社会现象。

近年来,网络上、报纸上铺天盖地的致富小广告也是一个例子。这些小广告吹嘘能用最少的钱,不需任何手艺,也不用四处奔波,只要在家里坐着打个电话,财富就来了。若真如此,那这些散发小广告的人岂不早就成了富翁?

其实,这些都是圈套,只有那些阅历不足又急于致富的人才会一厢情愿地相信。虚幻的美好蒙蔽了他们的双眼,反倒忽视了隐藏的风险。辛辛苦苦攒的钱,就因为想不劳而获被骗了去。

再看看那些成功人士,他们只相信有付出才有回报。所以说,巨额财富的背后是不懈的执着、努力拼搏,而非在家里等着天降横财。

有一个国家,非常繁荣,百姓们过着丰衣足食、安居乐业的生活。另一个国家听说后,就想找到那个国家世代兴旺、百姓衣食无忧的秘密。于是国王召集了国内的有识之士,命令他们到那个国家寻找答案。

半年后，一位学者将一本很厚的书呈给国王说："尊敬的国王，我走访了他们国家的所有城镇、村庄，把他们致富的秘密都写在里面了。只要我国的百姓读完它，就能确保他们生活无忧，国家繁荣昌盛。"国王拿过厚厚的书说："你认为老百姓会有时间认真地看完这本书吗？"于是命令他们继续探寻。

又过了一个月，这位学者将一本书简化成几页纸，国王还是不满意。又过了一个月，这次学者只把一页纸呈给国王，而且纸上只有一句话："天下没有不劳而获的东西。"

国王看后拍案叫绝："这才是确保国家繁荣昌盛的真正秘诀。"

如果你总是期待不劳而获，总想着不劳而获，碰运气，这样的心态会让你很难全力以赴。要知道任何财富都必须经过不断的奋斗和积累。妄想一步登天、坐享其成，最终只能离财富越来越远。

财富是靠自己创造的，不是等来的。从贫困到富有，就像登梯子，要稳，要有耐心，一步也不想登，最终只会一无所获。

日本大富豪、货运大王佐川清就是一步一个脚印，慢慢积累起自己的财富的。

佐川清少年时丧母，父亲再婚。为逃脱继母的虐待，15岁时，他离家出走，到了京都。为了生计，他到广岛县的尾道市做起了脚夫，他很喜欢这个工作，也由此开始他的创富生涯。

第二次世界大战结束后，日本作为战败国百废待兴，佐川清也失业了，于是他在一家建筑工地找到了工作。由于工作出色，不久就被提拔为老板的助理。辗转几个建筑队后，佐川清熟悉了土木工程的流程，成立了工程队，自己当老板。这一年，他才26岁。

第八章　行动
穷人搏运气，富人靠行动

几年后，为了自己的事业，佐川清决定解散工程队，重新开始脚夫的工作，并成立自己的公司，这就是"佐川捷运"。公司成立后，由于公司小，没有名气，也就没有客户。为了找到客户，佐川清开始挨家挨户去问那些商人："需不需要脚夫？"却总遭到拒绝。

但他有一个顽强的信念：只要坚持不懈，就一定能打动客户。终于，在一个半月后，他得到了大阪鳗谷街一家叫千田商会的老板（做照相机生意）的信任，让佐川清将10台照相机送到京都的一家店里，而且不收他保证金。

此后，"佐川捷运"慢慢发展起来。佐川清还接受别人不敢接不愿接的活，慢慢的，他有了越来越多的客户，还有很多客户与他建立了长期的合作关系。

经过不断努力，佐川清的公司生意像滚雪球一样越来越大，他们开始雇用人手帮助打理，并在大阪、敦贺、福井、金泽、富山等地建立了分支营业处。经营范围扩大后，他又添置了13辆摩托。随着日本经济的迅速发展，"佐川捷运"也更加壮大，不但雇佣的员工越来越多，摩托车也换成了汽车，而且数量以惊人的速度增加，经营范围也逐渐扩展到全国。到"佐川捷运"成立30周年时，它已经名列日本商业运输界第一。

在这个世界上，每个人都想成为亿万富翁。但是你要知道，那些真正成为亿万富翁的人都是脚踏实地一步步努力才获得了自己的财富的。

其实，对任何人都一样，想发财必须要脚踏实地，凭借自己的聪明才智，一步一个脚印地奋斗，抛弃不劳而获的念头，否则，你永远只能"混"在穷人堆里。

> **脱贫致富经**
>
> 要想致富就要靠自己的双手去创造，一定要付出比别人更多的努力，做别人不愿意做的事。别人不愿付出，你多付出；别人不愿坚持，你能坚持；别人害怕吃苦，你愿意吃苦。你与多数人不同，你已离成功不远了。等，永远等不来财富！

第九章 逆 袭

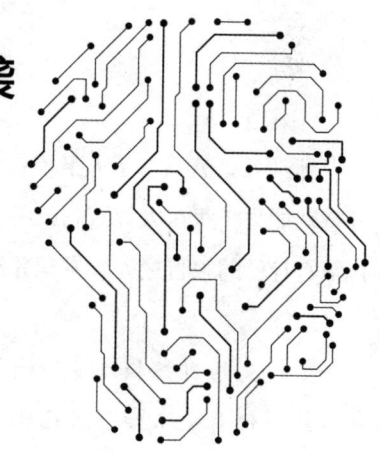

改变自己,就是改变"穷命"

  贫穷不可怕,穷人也可以逆袭。换句话说,穷人如果想追求财富,首先得改变自己贫穷的心态,从一开始就树立远大的抱负,只羡慕别人的成就而不求自我改变,财富永远不会眷顾你。因此,做到贫穷时不抱怨,做好人生路上的规划,经营自己的长处,便可能让你逆袭当富人。

穷人穷口袋，
富人富脑袋

经营长处，成就最好的自己

所谓长处就是一个人最擅长的事情，可以是一门技术、一门学问或是一种特殊能力。每个人都有自己的长处，这与出身无关，无论穷二代还是富二代都有自己的独特之处。发现并经营自己的长处，就会为人生增添光彩。

乌姆贝托和许多普通大学毕业生一样，匆匆结束了大学学业。他完全不知道自己究竟想干什么。他得到了一所小学的社会工作者的职位。由于他喜欢与人打交道，因此他得到这个工作后非常高兴。开始，他对这份工作还比较满意，但是几年之后，就对社会工作感到厌倦了。他认为应该把自己的优势用在更能获得成就感的事业上，想找一个适合自己的正确职业，这得到了妻子的鼓励。所以，他决定做自己最乐意的事，就是款待客人。

于是，他辞掉工作，进入一家快餐连锁店做职员。虽然职员的工资比以前少了很多，但他已经做好了渡过难关的准备。他进步很快，终于被经理提拔为连锁店的经理。

有了这方面的经验，他下定决心自己创业，成功地办起了一家有20名职工的"宫殿"餐厅。

经过几年的悉心经营，他的"宫殿"餐厅已经在当地十分有名气了。

第九章 逆袭
改变自己，就是改变"穷命"

我们都有过这样的经历，若是感兴趣的，我们会全身心地投入，这正是成大事所必须要有的状态。所以，要弄清我们现在从事的工作是否真的适合自己，有没有充分发挥自己的长处和才能。做自己擅长的事、喜欢的事，更容易取得成功，获得财富。

一个人能否取得事业上的成功，很大程度上取决于自己能否发扬自己的长处，规避自己的短处。如果能够经营自己的长处，就会给人生增值；反之，如果你经营自己的短处，那就会使你的人生贬值。

在追求财富之前，先了解自己的短处和长处，找准自己奋斗的方向，这样才有把握。千万别让财富溜走，要以自己的长处抓住它。

孙云丰是苏州一名普通的年轻推销员，他从事推销包装材料已经有三年时间，业绩也不错。业余时间，他会在互联网论坛上以搜索狂热分子的形象出现。孙云丰在搜索论坛上不断地发表自己写的《搜索从入门到精通》连载，引来各路高手赞叹。他对搜索引擎着了迷，到处宣扬自己的判断——搜索引擎将对人类生活产生革命性影响。

不过，他在网上发表文章，纯属是自己的爱好。然而，有一天，他接到百度公司邀请，问他是否有兴趣去百度做个PM。孙云丰根本不了解PM是什么，就只是对"搜索"感兴趣，什么也没想就去面试了。但对搜索技术来说，他实在了解得太少，这使得面试结果很不理想，于是他便想打道回府。他想：那就算了吧！我继续做我的推销员。

回到苏州后，心绪无法平静的孙云丰意识到，虽然这次面试并不是很顺利，但是有一点可以肯定的是，他开始第一次认真审视自己内心的真正需求。他发现原来自己对搜索引擎竟有着如此无法割舍的喜爱，因此并不甘心，认为自己能做好，也愿意去做好百度PM这份工作。

经过好几天的考虑，孙云丰给当时的百度副总裁俞军打电话说："我真的很想去百度做搜索，而且我相信我能干好，不用给我头衔，工资不比我现在少就行。让我先干一两个月怎么样？"

百度把机会给了孙云丰，而事实也证明孙云丰确有其长。仅到百度一个月，他以自己对搜索引擎的各项关键指标的理解，就为百度建立了搜索引擎评估体系，使之成了后来百度网页搜索发展的一块关键基石。

因为喜欢，所以才会更努力去做，也就更使得自己的特长得到发挥。孙云丰给我们的启示就是，既然喜欢就不要放弃，相信自己，只要是自己的特长，经过不懈地努力，定会获得不菲的成绩。

脱贫致富经

做你所爱，爱你所做。找到自己的兴趣，再去选择好工作。经营自己的长处，发挥自己最大的潜能，找准自己最佳的位置，才是快速获得成功的诀窍。

第九章 逆袭
改变自己，就是改变"穷命"

起点低不要紧，努力做笑到最后的人

人生起点高低，出生穷富我们无法选择，但是我们可以选择通过努力奋斗去改变自己的命运，哪怕是一件小事，也要做好。即使现在衣食无忧，不努力奋斗，时间一长，也会耗尽钱财，陷入贫穷的深坑。一时的贫穷不要紧，只要心存梦想并为之付出行动，干得好也能成就一番大事业。

很多人对接线员这个工作不屑一顾，觉着没什么出路。李盈却不这样认为，她把这个普通的工作做得有声有色。

大学一毕业，李盈就做了德国驻华大使馆接线员。李盈把使馆里的人的名字、联系方式、工作内容背得滚瓜烂熟。有时候，一些电话打进来，不知道该找谁，李盈就会尽力帮他们找到。时间一长，使馆人员有什么事就直接告诉李盈，或是直接给李盈打电话，有什么重要的事情也会通知李盈转告，李盈成为全面负责的大秘书。

李盈凭借出色的工作能力，很快被调到德国某报社做翻译。

该报有个记者是个颇有名气的老太太，得过战地勋章，本事也大，脾气也大。一开始，她看不上李盈的资历，经多人劝说，才答应让李盈试试。一年后，老太太经常会对其他记者说："我的翻译绝对比你的好上10倍不止。"

一段时间后，李盈又得到重用，被破例调到德国驻华联络处。李盈干得同样出色，还获得了外交部表彰。

穷人穷口袋，
富人富脑袋

　　同一种工作岗位，不同的人得到不同的结果。勤奋努力的人，付出得多，收获也多；整天想入非非的人，这个干不好那个干不长。好好干还是混日子，这时的选择也决定了将来的被选择。

　　抱着穷人的心态生活，就会禁锢自己的思想，让自己始终被生活束缚，不敢追求，也不敢付出。最后，一次次与各种成功的机会失之交臂。而那些始终在奋斗、在拼搏的人，不管他们背景如何，他们不甘也不会成为一个碌碌之辈。

　　很多人都见过在街边收破烂的人，他们收饮料瓶、易拉罐，很多人见了都躲得远远的。可是，有这么一个人，不甘心一直过这种以收破烂为生的穷日子。他虽然收破烂，但仍然每天都积极乐观地面对生活。

　　有一天，他忽然想到一个好主意：自己每天都能收很多废弃易拉罐，直接卖出去，也就赚那么点钱，如果把易拉罐熔化了变成金属来卖，会不会更赚钱呢？

　　想到了就马上干起来，他先试着把易拉罐一个个熔化成指甲大小的金属块。接着他又自己花钱请金属鉴定师傅鉴定成分，这种金属是一种铝合金，可再生利用。

　　果然，熔化后的金属价格比之前直接卖出去的价格要高好几倍。于是这个人通过熔化这个方法，很快就有了一笔小财富。他没有满足，又办了个金属冶炼厂，经过短短几年，就赚了上百万元。

　　一个路边收破烂的，竟然成了一个百万富翁。

　　故事听起来不可思议，但这样的故事每天都在上演。可见，穷人必须先改变心态，不要始终把自己当作穷人，其未来才会更加美好。

　　出生贫穷不怕，可怕的是不思进取，自甘穷苦。如果从始至终认为自己

第九章 逆袭
改变自己，就是改变"穷命"

是穷人，就只能一辈子是穷人，只有改变"我是穷人"的心态，才能逆袭。

一个人成功的根源就是不甘于贫穷。穷则思变，是一个人改变命运，走向成功的主要动力。改变贫穷的思想，你必将在不远的将来成就一番大事业。

努力奋斗能够缩短穷与富之间的差距，甚至能让你从一无所有变成要风得风要雨得雨的人。如果你只是混日子，那么即使你是位富翁，也会坐吃山空，沦为一个穷人。

一条毗邻的街道住着两种不同的人，街道的左边是一排排别墅，住在那里的人最少都拥有数百万的财富；道路右边是一片片低矮的民房，这里住着很多穷人。在这片民房中有对夫妇经营着一家餐馆，他们每天早上4点起床，晚上十一二点等到最后一位顾客走了才打烊。早上起来后，夫妇俩就开始包包子、馄饨、饺子，做豆腐脑、豆浆，而6点小餐馆准时开店。因为他们的饭菜可口，价格实惠，餐馆环境温馨干净，所以在餐馆周边住着的人基本上都会来他们家吃早点。到了9点半，他们的早点就会全部售出。此时他们才能稍稍喘口气，然后丈夫开着车去批发市场买菜，妻子则将餐馆再收拾一遍，准备迎接中午就餐的小高峰。

两年下来，这夫妇俩赚了不少的钱。有一天晚上，他们拿出存折，准备算算他们到底有多少存款，却忽然听到一阵哭声。夫妇俩循着哭声，发现在他们的厨房里，有一位衣不蔽体的干瘦老头蜷缩在角落里哭泣。他们问老头为什么要哭，怎么会来到他们家。老头说："我是穷神，本来是待在穷人家的，但是你们这么勤劳，很快就要成为富翁，我又要搬家了。"

说完，穷神继续伤心地哭了起来。夫妇二人对看一眼说："不会，你要想留在这里，我们欢迎你。"

第二天，一场大火将夫妇俩的家、餐馆化为灰烬，以致他们失去了一切。但是他们并没有因为穷神进驻他们家而不再继续为美好生活拼搏，还是一如往常地勤奋，很快他们就凭借过往的口碑和良好的人脉又富了起来。一天一个身穿大红袍，手捧金元宝的胖乎乎老头乐呵呵地看着他们，对他们说："勤奋的好心人，谢谢你们。因为你们，我这个穷神才得以升为财神。"

同一时间，那片别墅区有一位继承了亿万财产的人的家中住进了一位穷神。这个人在得到亿万遗产后，对生活再也没有任何追求，不再像以前一样努力，每天想的是今天到哪里去玩，手中的钱应该怎么花。他获得亿万遗产的事情被一些有心人知道了，这些人开始接近他，与他成为酒肉朋友。这些朋友带他出入各种酒吧、俱乐部、赌场。最后，这些人给他带来了海洛因。他原本只想吸那么一次，并且单纯地认为凭借他的意志力不会出任何问题。但是，没想到吸了第一次后，他就爱上了这种欲仙欲死的感觉，从此生活中再也离不开海洛因。那些朋友自然成为海洛因的提供者。不仅如此，他在染上毒瘾后还染上了赌瘾，这使他的亿万家产很快挥霍一空。为了获得毒品，他将房子、车子全卖了，最后沦为街头的乞丐，在某一年冬天冻死在街边。

不管你是穷还是富，都要有明确的人生目标，并为之努力奋斗，千万不要抱着混日子的想法懒惰地生活，一旦如此，再多的财富也不够你挥霍。而且这种生活方式不仅会让你失去财富，还会让你的精神变得空虚，将你彻底毁掉。如果你有远大的目标，如果你对生活有追求，不想按部就班、得过且过地生活，那么只有努力奋斗才能实现你的梦想，让你的人生越来越好，财富越来越多。

第九章 逆袭
改变自己，就是改变"穷命"

脱贫致富经

　　起点的高低无法决定一个人终点的高低。只要不到终点，你就能通过奋斗改变自己的结局。一个身无分文的人通过努力可以变得腰缠万贯；而一个腰缠万贯的人如果抱着混日子的心态生活，就会失去机会的眷顾，变得身无分无。由此可见，穷和富之间的桥梁是由努力构建的，所以你只有事事努力，勤于工作，才能将越来越多的财富掌握在自己手中。

穷人穷口袋，
富人富脑袋

人穷志短，怎能走向人生的巅峰

现实生活中有两种人：一种人没有远大理想，一天到晚总是浑浑噩噩；另一种人很早就为自己的人生做好了规划，并立下了远大的志向，而且非常渴望成功。随着时间的发展，第一种人在混日子中失去了宝贵的时间，离财富越来越远；第二种人在远大志向的引领下不断超越自我，克服所有阻力，最终收获了丰硕的果实。对没有远大志向的人而言，财富梦只是一个华丽的泡沫，相反，有远大志向的人才能拥抱实实在在的财富。

亨利·内斯特成长的年代是疾病流行的年代，在那个时代，新生儿死亡率非常高，这不仅是因为疾病的流行，还因为有些婴儿吃不到母乳。在吃不到母乳又没有适合婴儿吃的奶制品的情况下，有些婴儿过早地死亡了。亨利·内斯特看在眼中，痛在心里，于是他开始研究可以让婴儿食用的奶类制品。

当亨利·内斯特把这个想法告诉朋友们的时候，朋友们表现得非常冷淡，甚至有人给他泼冷水，认为只是实习药剂师出身的他怎么可能办到这样的事情。在朋友们看来，他这就是痴人说梦。亨利·内斯特没想到朋友们会表现出如此不屑的神态，虽然他心里不是滋味，但并没有动摇他继续研究的决心。他一定要研究出一种适合婴儿食用的奶制品。

事情的进展并没有亨利·内斯特想象中顺利，他在研究过程

第九章 逆袭
改变自己,就是改变"穷命"

中不断遭受到别人的冷嘲热讽,甚至有些人认为他这是在炒作自己。这让他觉得非常委屈——他这样做的目的就是要使那些吃不上母乳的婴儿吃上健康的奶制品。虽然来自外界的压力非常大,但他并没有退缩。

为了早日实现自己设立的目标,亨利·内斯特每天很早便来到自己的实验室,而且到距离自己实验室120英里的地方进行数据采集与分析,详细询问关于婴儿奶制品的问题。就这样,他坚持了一年半以后,终于成功地研发出了可以供婴儿食用的奶制品。在研发成功后,他免费将这些奶制品送给那些吃不上母乳的婴儿。此时正在流行一种可怕的瘟疫,这对抵抗力弱的婴儿而言更具威胁性。万幸的是,许多婴儿喝了亨利·内斯特研制的奶制品以后,抵抗力增强,婴儿死亡率也大大降低。

亨利·内斯特立下志向,通过不懈努力研制出适合婴儿食用的奶制品,不仅收获了荣誉,还给他带来了丰厚的财富,并使他创立了雀巢公司。通过亨利·内斯特的故事可以看出,立志是一个人实现梦想走向成功的"领路人",如果缺少"领路人",就很难找到通向成功的道路。

目标,是成功的前提,是力量的源泉。一个人如果没有目标,就如同在黑夜的大海里航行没有指引航向的灯塔一样,抵达不了成功的彼岸,很可能会上演南辕北辙的悲剧。

有一位从美国名牌大学毕业的朋友至今都没有一份像样的工作,或许你会觉得奇怪,因为他不但非常聪明,而且长相也非常英俊,也很懂得说话做事,很具有个人魅力。但是,他的确至今也没有取得任何成就,原因就是他没有志向,不知道自己要干什么,因此做事不够专注。他一度觉得自己在演讲方面有天赋,但是很快又转做了编辑,不久之后又去做了销售,但是不到一个星期就放弃了，后来又到公关公司做广告工作，再后来，他又去做点别的事情。他一直追求着完全不同的目标，但没有一个能长久的，他走了几万里的路，花了无数的钱。就这样过了十几年，至今他仍然不知道自己想要什么，没有明确的志向，没有固定的职业和工资。

人必须有明确的目标，没有目标的人只能在茫茫的人生大海上飘荡，永远找不到人生停靠的岸边。

人生路需要在目标的指引下、在不断的学习中成长，一个明确固定的目标，能够指引你登上财富的顶峰。

法国著名作家巴尔扎克年轻时，开了家出版社，经营出版、印刷等业务，但是因为疏于管理，他欠下了巨额债务。债主经常半夜上门要债。那时的巴尔扎克为了躲避追债，一直居无定所，贫困潦倒的他偷偷搬进贫民区某条街的一间小屋子里。

从此，他隐姓埋名，在这间不为人知的小房间里认真思索。他想，多年来，自己没有明确的目标，今天想做这，明天想干那，从来没有集中精力认真经营一件事情。想着想着，他望了一眼放在窗台的拿破仑小像，又从抽屉里拿出一张小纸条，在上面写了：彼以剑锋创其始者，我将以笔锋竟其业。从此，他专心致志于写作，最终闻名于世。

巴尔扎克将自己最喜欢的文学创作作为终身的奋斗目标，并致力于其中，用笔抒写了辉煌的人生。一个人一旦能够将自己的目标坚持到最后，并全身心地投入其中，那他就一定能够实现这个目标。

第九章 逆袭
改变自己，就是改变"穷命"

 脱贫致富经

一个人也许存在很多不足，但这并不能成为他不思进取、甘于平庸的理由。要想彻底改变，就得有远大的志向，因为成功只会眷恋那些有志向的人，这样的人才能握紧成功的钥匙，赢得财富。

抱怨对改变现状一点儿用都没有

很多人都在抱怨物价上涨太快、工资上涨太慢、手中的钱太少，抱怨国家不公、社会不正、命运不济，却从不反思自己。他们认为自己的贫穷完全是由国家、社会、命运造成的。于是他们抱着"即使自己努力也不可能改变贫困现状"的心态浑浑噩噩地生活，不知道每天要做什么、应该做什么，而且从没有想过自己也有可能成为富翁，跳出穷人的行列。

如果在追求成功的路上，一个人在遭遇困境的时候总是不停地抱怨，而不是去想办法摆脱它，很有可能永远处于逆境之中。

有这样一个美国人，一生都在不停地抱怨，直到临死之前，也没有逃脱掉他所处的逆境。

约翰是一个普通的美国年轻人，在20岁的时候，因为被别人陷害而进了牢房。过了九年，他的冤案告破，约翰终于走出了监狱。

出狱后，约翰一直抱怨自己不幸的遭遇。他常常咒骂着："我真不幸，竟然在最年轻有为的时候被别人诬陷入狱，在狭窄肮脏的监狱度过我的大好时光。监狱简直不是人待的地方。"

虽然没有人愿意听他的不幸遭遇，但他仍然不停地咒骂着："我敢保证监狱生活肯定是我人生中最悲惨的遭遇，那狭小的窗户里根本透不进一丝阳光，冬天寒冷潮湿，夏天蚊虫叮咬……真

第九章 逆袭
改变自己，就是改变"穷命"

不明白，我怎么就这么倒霉，即使将那个陷害我的人千刀万剐，也难解我心头之恨！"

就这样，他见到一个人抱怨一遍，不知不觉，他已经69岁了。他贫病交加，终于病得卧床不起了。在人间的最后一刻，牧师来到他的床边说："我可怜的孩子，忏悔吧，去天堂之前，忏悔你在人间的一切罪恶吧……"牧师的话音还没落下，激动的约翰声嘶力竭地吼叫起来："我有什么可忏悔的，我应该诅咒，诅咒那些使我陷入不幸的恶人！"

牧师心平气和地问："您受人诬陷在监狱待了多少年，离开监狱又多少年？"他仍然没有平息心中的怒火，恶狠狠地将数字告诉了牧师。

牧师听后，长长地叹了一口气："您真是这世界上最可怜的人啊，对您的不幸，我感到十分同情和悲痛！您被囚禁了9年，当你走出监狱，本应该重返自由的时候，您却用心底的仇恨和抱怨囚禁了自己整整40年！"

可怜的约翰听到这里，恍然大悟，但是已经太迟了，他流下了悔恨的泪水。

约翰遇到逆境就只会一直抱怨，就这样一生无成地在自我的监狱里度过了一生，何其悲哀啊。

有一位穷人，总是坐在自家门口埋怨自己运气不好，总也赶不上发财的好运气，因此终日满脸愁容。有一天，在他愁眉不展的时候来了一个智者，智者问："年轻人，你是不是有什么烦心事？"

"我很苦恼，为什么我总是这么穷。"

"哪里穷？你很富有嘛！"智者不以为然地说。

"您这是什么意思？"穷人听了很诧异。

智者笑了笑，没有直接回答穷人的问题，反问道："假如说，我现在给你1000元，然后砍掉你的手指，你愿意吗？"

"当然不行！"穷人脱口而出。

"那假如用1万元换你的一只手呢？"

穷人非常坚决地摇头说："不行！"

"用10万元换你一双眼睛，你答应吗？"

"不答应！"穷人回答得毫不犹豫。

"假如给你1000万让你马上摔死，你干吗？"

"不干！"穷人回答得越来越坚定。

"这样就对了。现在，你已经是拥有1000万的富翁了，为什么还整日抱怨自己是个穷光蛋呢？"老人轻轻地笑着说。

穷人恍然大悟，拜谢智者。

从这个故事中，我们很容易发现，只有那些对生活不满、遇事爱唠叨的人才会整天抱怨贫穷，而心态乐观的人则明白怎样在合适时机抓紧手里的财富。

穷不是过错，一味抱怨自己的贫穷却不做任何努力改变贫穷的现状才是大错特错。与其慨叹贫穷，不如趁早致富。虽然每个人的起点不一样，有的富有，有的贫穷，含着"金汤匙"出生的大有人在，而一无所有的人也不在少数，但是起点的高低并没有注定终点的高低。只要你比别人再努力一点儿，合理规划自己的人生，你就能取得成功，赚得财富，在终点笑傲群雄。

有些人，他们原本没有光鲜的背景和鼓鼓的口袋，但是他们遇到失败时，不会一味地抱怨，而是懂得努力奋斗，并通过投资、储蓄等手段，一个阶梯一个阶梯地向上迈。

第九章 逆袭
改变自己，就是改变"穷命"

　　古今中外的很多名人都曾面临失败。巨人集团的史玉柱也遭遇过破产之灾；华人首富李嘉诚做生意之初就失败惨重；英国的作家约翰·克里斯在成名之前，遭到过1000次的拒绝和退稿；国际巨星史泰龙成名之前，曾被拒演1000多次……每个人在成功之前都遭遇过大大小小的挫折，但是他们都不会整天抱怨，而是更加努力地向人生顶峰攀登。

这些人并不是出生在富裕的家庭，他们或者出生于农民家庭、工薪阶层家庭，或者成长在孤儿院中，但是他们从来都不相信自己一辈子都是农民、工人、穷困者。他们坚信，只要坚持不懈地奋斗，并学会理财的技能，有朝一日，自己也会站在金字塔顶端。

> **脱贫致富经**
>
> 　　没有一帆风顺的人生，在现实生活中，必定会遇到大大小小的挫折和磨难，比如说感情不顺，工作打不开局面，价值得不到认同，无端受委屈和陷害……面对这些困境，无须抱怨，调整心态，努力奋斗，一个阶梯一个阶梯地向上迈，同时不断累积经验和资金，因为必要时它们会发挥你意想不到的作用，甚至最终有可能让你从"丑小鸭"变成令人瞩目的"白天鹅"。

穷人穷口袋，
富人富脑袋

规划得好，由穷变富是分分钟的事

走出校门之后，我们开始为自己的未来聚集财富，一定要为自己做个规划。财富的道路需要一个详细的规划。这个规划可长可短，但要符合自己的实际情况。

该如何规划自己的未来，从下面这则故事中或许能得到一个很好的答案。

那年他刚刚十九岁，在美国某城市的大学主修计算机，同时还在老师的科学实验室工作。繁忙的学习与工作占据了他整天的时间，但他一有时间便从事其所钟爱的音乐创作。

他酷爱作曲，并在音乐节上结识了一位同样热爱音乐的女孩，那位女孩渐渐了解到他对音乐的执着。但是他对自己该怎样进入音乐界以及美国陌生的唱片市场感到很迷茫，不知道该做何努力。

这天，他又和女孩约在一起谈心事。突然，女孩问了他一个问题："你觉得你五年后在做什么？"他愣了，不知道该怎么回答，因为他从来没想过这些遥远的问题。女孩靠近男孩，继续问道："那你最希望那个五年后的自己在做什么呢？你会是什么样子？"男孩思考了一会，然后说出了自己的想法：首先，他希望五年后他能发行一张唱片，而且受人欢迎；其次，

第九章　逆袭
改变自己，就是改变"穷命"

他希望能够待在一个有音乐气息的地方，可以跟很多著名音乐人讨论音乐。

女孩听了男孩的期望，帮他做了一次推算：假设第五年，他希望能够发行一张受人欢迎的唱片，那么，第四年，他需要跟一家唱片公司签约。而第三年，他一定得有一首优秀的歌曲能够拿给多家唱片公司试听。第二年，一定要有非常出色的作品已经开始录音了。如果这样，第一年，他就该把所有要录音的作品准备充分。第六个月，他就必须把那些还没完成的歌曲修改完备，让自己能从中选择。而第一个月就要把手上的这几首曲子完工。因此，从第一个星期就开始着手的话，先列出一个详细的修改的清单，决定哪些曲子的哪些地方需要完工。

女孩稍微停顿了一下，接着继续帮男孩推演五年之后该如何发展……

听了女孩的话，男孩不再感到迷茫，他知道自己接下来该做什么了。第二年，他辞掉了工作，只身来到洛杉矶开始自己的音乐之旅。五年之后，他过上了自己当年畅想的生活。

这是一个意味深长的故事。当你感到困惑时，学学这个女孩，静下心来想想，若干年后你希望自己做什么，过怎样的生活，好好规划一下，并按照规划一步步执行，这是最有实际意义的。

创造了震惊美国、震惊世界的"林奇现象"的彼得·林奇，是美国现代金融界的奇人，在华尔街的投资大师中占有一席之地。林奇33岁时就成为了麦哲伦公司的总经理。他本人从小在艰苦的环境中长大，他的成功完全得益于年轻时的规划。

林奇10岁时父亲去世，为生活所迫，他不得不在11岁那年开始在一家高尔夫球场做球童。在那里，小林奇常常从球手们的谈话中零星地了解到股票方面的一些知识，这使他初步感受到股票的巨大魅力。也就是从那时候开始，林奇制订了相应的学习计划，下定决心要在长大以后从事股票经营事业，并且要在这项事业中实现自己的人生价值。于是林奇18岁时，进入波士顿学院，专门学习关于金融银行投资方面的专业知识。他十分珍惜这样系统学习的机会，开始有目的地钻研与投资有关的问题。

不过，与其他同学不同，林奇在学习必修课外，还专修了一些诸如玄学、认识论、逻辑、宗教和古希腊哲学等似乎与金融投资根本不相干的课程。在他看来，股票投资是一门艺术，而不仅仅是一门科学，它需要更多的综合素质。

在这种思想的指引下，林奇开始一点点地却又系统地积累起了自己的知识"金矿"。

在此期间，林奇经过认真分析之后，用自己当球童挣来的1250美元，以每股7美元购进了他的第一笔股票。结果在短短的两年里，该股票由原来的7美元涨到近33美元，增加了近4倍。靠着这笔股票的赢利，林奇读完了研究生，获得了沃伦金融学院经济学硕士学位。

此后不久，林奇进入麦哲伦公司，在那里从事调研工作。经过短短几个月的锻炼之后，林奇对当时学术界关于股票市场的理论感到怀疑。他直观地意识到，自己过去在书本上所学的投资理论，在实践中似乎很少能够派上用场，甚至还有可能导致投资失败。为了冲破各种理论的束缚，寻找股票分析和投资分析更有效的途径，他抓住在沃伦金融学院难得的学习机会，不断地扩大知识面，又开始了统计学、高级运算和数理分析等课程的学习。同时，他更加注重在公司里的实践机会，这为他日后的腾飞奠定了坚实的基础。

第九章 逆袭
改变自己，就是改变"穷命"

经过几年的学习和实践，林奇终于成为了一名卓越的投资实践家，他那精确而及时的股市预测，使麦哲伦公司在股票业务上获得了巨大的利益，同时也将自己一手推向事业的高峰，从投资部副主任晋升为该部主任，最后如愿以偿地当上了麦哲伦的总经理。

每一个人的人生目标不同，所从事的事业不同，为适合自己的发展所需要的知识也会有所不同。所以，为自己制订一生的学习计划，储备知识是完全有必要的。

脱贫致富经

如果你有野心,也足够拼命,那么你可以从以下几个方面制订一生的学习计划。

1. 工商业领域

第一,想在这一行业有所作为,精深的工商业专门知识和广博的一般性知识是必不可少的。

第二,竞争环境千变万化,锻炼较强的操作力、预见能力和决策能力是必备素质。

第三,掌握各种社交技能也至关重要。

第四,保持良好的心态对于每一个经营管理者都是必要的。

2. 学术领域

第一,掌握所在的学术领域的专业知识,着重培养自己在智能方面的能力。

第二,思维力是学术领域的核心,因为学术研究是一项繁重的脑力劳动,需要大量的思考。所以,必须提高自己的观察力、记忆力、想象力等,尤其是思维力。

第三,积累丰富的研究能力更是一种必要的素质。

3. 管理领域

第一,拥有良好的道德品质是从事管理工作的先决条件。

第二,储备广博的基础知识。

第三,提高观察力和记忆力以便清楚地认识自己周围的发展环境。

第四,提高表达能力和社交能力是一个管理者必须具备的。

第九章 逆袭
改变自己，就是改变"穷命"

可以平凡，但不能平庸

平凡是一种生命的常态，我们绝大多数人都是平凡的人，做着平凡的工作，过着平凡的生活。平凡是一种质朴，是洗尽铅华后的本真之美。但平凡并不代表平庸，平庸是寻常、不突出、没有作为，平凡的人却照样可以做得很出色，活得很精彩。平庸的人，事事平平无奇，没有一件精通的事。平庸不仅不会把人引向成功，更会分散人的精力。所以说，人可以平凡，但绝不能平庸。

这里有一个小故事，相信对很多人都会有所启示。

有一家非常大的机械制造公司，它的产品销往世界各地，代表着当时重型机械制造业的最高水平。很多机械制造业的毕业生都以被该公司聘用为荣，但该公司有着非常严格的聘用标准，很多毕业生都因为这样那样的原因遭到了拒绝。但是，该公司令人垂涎的待遇和显赫的同行业地位仍然向那些有志的求职者闪烁着诱人的光芒。

杰克是一所著名大学机械制造专业的高材生，从上大学开始，他就发誓要进入那家知名的机械制造公司。遗憾的是，他与许多人的命运一样，被那家公司拒之门外。不过，杰克并没有放弃，除了不断学习让自己更具实力外，他还冥思苦想到了一个办法：假装自己一无所长，并且无偿为该公司工作。

打定主意后，杰克先找到了公司人事部，说明了自己的想法，并请求公司分派给他工作，他不要任何报酬。开始，公司觉得不可思议，认为这个年轻人简直是疯了，但由于他们不用付一分钱，所以就随便给杰克分派了打扫车间卫生的任务。

这是个简单的工作，但杰克丝毫没有马虎。他还利用清洁工可以到处走动的优势，细心观察了公司各部门的生产情况，并一一做了详细记录，发现了存在的技术性问题并想出了解决的办法。为此，他花了近一年的时间搞设计，获得了大量的统计数据，为后来的一鸣惊人奠定了基础。

后来，公司的产品在质量上出了一些问题，订单被纷纷退回，如不及时采取措施，公司就会遭受重大损失。为此，公司管理层召开了紧急会议商量对策，但由于事发突然，大家都感觉措手不及，讨论了半天也没有商量出合适的解决方案。

正在大家一筹莫展之时，杰克闯进了会议室，直接要求见总经理。在会上，杰克对出现的问题做了认真的令人信服的解释，随后还拿出了自己设计改造的图，这个图的设计非常先进，既保留了原来产品的优点，又克服了新出现的弊端，得到了在场所有人的认可。

公司管理层很是惊讶，忙问这个年轻人现在是哪个岗位，杰克回答自己不过是个编外清洁工。大家又仔细询问了他的背景，才知道他是著名大学机械制造专业的高材生。事情最后的结果是，杰克被聘请为该公司主管生产技术的副总经理。

杰克的成功经历告诉我们：只要不甘平庸，人人都可能成为杰出人物。

第九章 逆袭
改变自己,就是改变"穷命"

有人曾说过:"大部分成功的人并非天生聪明,会赚钱,他们也许资质平平,却能把平平的资质发展成为超乎寻常的事业。"无论多么平凡的工作,只要从头至尾做好,便是了不起的事业。所以,无论你现在正在做什么,都不要抱着一种平庸的心态。要知道,即使再平凡的工作也都可能是成就辉煌的开始。

脱贫致富经

人可以平凡,但绝不能平庸。真正有大志向的人就要不甘平庸,不满足于现状,唯如此才能使我们热血沸腾,干劲十足,才会使我们加倍努力,超越平庸,成就非凡,拥抱成功。

用激情创造财富，点燃财富梦

事实上，如果一个人没有强烈的进取心，没有对财富那冲动的想法，没有"非此不可"的人生追求，是很难取得成功的。我们的生命里，需要热情、激动、兴奋、冲动，把不可能变可能，激情是创造财富的助推器。

充满激情，才能迸发生命的力量。

2016年在里约奥运会上令我们自豪的中国女排，她们在比赛中总是那么的激动、兴奋。她们会为一个成功的扣球而欢呼，也会为一次失败的防守大声讨论。她们扬起自己的双臂，跳动着自己的身躯，一次次地颠起了那个弹性十足的排球，也颠起了自己的青春和激情，颠起了自己的光荣与梦想。这是为金牌争夺的挥舞！她们密切协作，互相鼓舞，高度注意，积极防守。这是被激情点燃的跳跃！她们盼望着在领奖台前，听到那熟悉的《义勇军进行曲》，她们期待着证明自己。是的，是那点燃在心中的激情让她们奋力地拼搏，并且一次次地取得了成功。

女排姑娘们在比赛场上的一言一行、一举一动，都在诉说着一种无法遏制的情绪，这种情绪就是激情。有激情，才能创造生命的奇迹。很难想象，一个总是嘴上说着梦想，却永远没有完成的冲动的人，能取得什么成就。

第九章　逆袭
改变自己，就是改变"穷命"

张艺谋是中国第五代导演中的佼佼者。他作为《大红灯笼高高挂》《红高粱》《活着》《英雄》等重要作品以及在中国举办的2008年奥运会的精彩开幕式的导演，被永远地载入了史册。张艺谋的理想就是当导演，他能一次次地创新，一次次地超越自己，到底是因为什么？众所周知，张艺谋注重电影中的画面，呈现的画面有鲜明的色彩感，给人强烈的视觉冲击力。比如红色，就是其中的主色调，《红高粱》《大红灯笼高高挂》《英雄》等电影画面都有大面积的红色调。红色从心理学的角度来讲，是一种让人奋进的、热情的颜色，代表着一种激情。细细分析，这份激情来自导演对电影事业的热爱，张艺谋有拍电影的梦想，他愿意为电影事业奉献自己的一切。

他的心中时时奔涌着激情——创作的能量，这种激情指引着他继续进步着、追求着。张艺谋靠着自己的创作激情一步步走上自己的人生巅峰。

从《泰坦尼克号》到《阿凡达》，一次次刷新自己的票房纪录的导演詹姆斯·卡梅隆，被誉为是一个"天才"，一个"怪人"。在他的世界里，只有电影，只有完美。十多年前执导《泰坦尼克号》时，因为拍摄时间拖得太久，也因为影片的预算一再地被超出，投资人纷纷打算撤离，不愿再注资拍这部电影。卡梅隆思虑之后，做出了一个决定：自己的导演费不要了，让他继续完成这部电影。导演费是一笔相当可观的收入，但是卡梅隆为了艺术，勇敢地放弃了金钱，投入到了尽善尽美的艺术之中，投入到这部经典的电影之中。他曾发誓要拍一部真正的爱情故事，那被点燃的激情，怎么能轻易放弃呢？事后证明，正因为他的坚持，因为他的不顾一切，《泰坦尼克号》取得了极大的成功，也创造了票房神话。

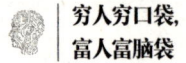

时隔十多年后,卡梅隆积蓄力量,将心中酝酿很久的3D电影《阿凡达》拍摄了出来,最终这部影片成为了很多很多人心目中的唯一。

他是艺术上的"疯子",我们通过他的经历,看到的是激情的力量。是的,梦想的火焰一旦被激情点燃,就只会不停歇地燃烧下去。

在遭遇逆境、失意的时候,更需要内心的激情。迈克尔·舒马赫是世界赛车史上迄今最伟大的赛车手,他的成就超过了任何一位赛车手。舒马赫成功的秘诀是什么呢?舒马赫说,在直道上让赛车快起来,谁都能做到,但是赛道中还有弯道。我们所应想到的是,如果把赛车道比作人生,那么在一段风平浪静的道路上,我们谁都能充满激情地将人生之车开得又快又稳,但是在人生的弯道,我们的激情就很有可能退却,我们会减速,会被别人超越,开得不好甚至有可能车毁人亡。

从穷到富的过程中,面对逆境失意,我们要充满激情,开足马力,勇敢地向前冲,这样必定能获得人生财富。

脱贫致富经

点燃心中的激情,即使遭遇困境挫折,也能在追求财富的路上勇敢地前行。如果你想实现自己的致富梦,就需要点燃你的全部激情。唯有激情才能使你全力以赴去创造财富。